西餐烹调工艺与实训（第3版）

主编／鲁煊　朱照华　谭顺捷

电子课件
操作视频
精美图片
本书多媒体资源汇总
课程标准
试题库
习题答案

西南交通大学出版社
·成都·

图书在版编目（CIP）数据

西餐烹调工艺与实训/ 鲁煊，朱照华，谭顺捷主编. -- 3 版. -- 成都：西南交通大学出版社，2024.6
ISBN 978-7-5643-9828-6

Ⅰ. ①西… Ⅱ. ①鲁… ②朱… ③谭… Ⅲ. ①西餐－烹饪 Ⅳ. ①TS972.118

中国国家版本馆 CIP 数据核字（2024）第 098171 号

Xican Pengtiao Gongyi yu Shixun
西餐烹调工艺与实训（第 3 版）

主　编／鲁　煊　朱照华　谭顺捷
策划编辑／赵玉婷
责任编辑／周　杨
封面设计／原创动力

西南交通大学出版社出版发行
（四川省成都市二环路北一段 111 号西南交通大学创新大厦 21 楼　610031）
营销部电话：028-87600564　　028-87600533
网址：http://www.xnjdcbs.com
印刷：四川玖艺呈现印刷有限公司

成品尺寸　185 mm × 260 mm
印张　14　　字数　310 千
版次　2016 年 6 月第 1 版　2021 年 5 月第 2 版　2024 年 6 月第 3 版
印次　2024 年 6 月第 9 次

书号　ISBN 978-7-5643-9828-6
定价　59.00 元

课件咨询电话：028-81435775
图书如有印装质量问题　本社负责退换

《西餐烹调工艺与实训（第3版）》编写委员会

主　编：鲁　煊　朱照华　谭顺捷

副主编：黄永泽　沈培奇　陈丙坤　周济扬
郭景鹏　严学迎　滕永军　郝志阔

参　编：覃雷鸣　覃唯劲　高肖竹　黄晓婷
武　军　王一鸣　陈宇超　覃唯任
梅明周　范泽怀　班立德　颜旭文
林　梅　赖裕华　张津玮　伍春林
黄吉祥　杨　林　吴　强　邓友邦
黎子宁　周保彤　梁　品　袁德华
陈　涛　易树敏　刘沛琦　毛　富
黄　猛　李胜胜　蒋永坤　张开伟
李梅远　陆英娜　安朋朋　禤满雄
严　宇　王茂雪　于海军　李顺华
莫茹茵

前言

《西餐烹调工艺与实训（第 3 版）》的全新修订出版是编写团队认真学习中共中央办公厅、国务院办公厅印发的《关于深化新时代学校思想政治理论课改革创新的若干意见》，国家教材委员会印发的《全国大中小学教材建设规划（2019—2022 年）》和教育部印发的《职业院校教材管理办法》等文件后组织编写。本书在规划、编写、审核等环节都严格执行相关政策文件精神，围绕培养高素质高技能型人才的目标确定本书的编写架构、编写内容及资源建设，充分体现教材的职业性、规范性和引领性。本书具有以下几个显著特点。

一、校企双元，产教融合，编写团队组成合理

本教材充分凸显出职业教育的类型教育特点，在广西烹饪餐饮行业协会西餐专业委员会、南宁香格里拉酒店、南宁荔园山庄等行企专家的指导下，职教专家、行业企业技术能手、教学研究人员、资深技能大赛评委、一线优秀教师联合组成编写团队。编写团队成员熟悉职业教育教学规律和学生身心发展特点，对职业教育有比较深入的研究，熟悉行业企业发展与用人要求，有丰富的教学、教科研、企业生产经验，所有人员均具有高级以上职业技能职业资格或中级以上专业技术资格。

二、紧扣标准，立德树人，内容反映课程目标

在内容选取上，编写团队严格依据职业教育国家教学标准体系中的西式烹饪工艺 2022 年版专业简介中的课程设置组织编写。同时，对标“西式烹调师”职业标准、餐饮企业西式烹调师岗位典型任务和世界技能大赛烹饪（西餐）赛项的竞赛标准，坚持反映西餐行业中的新知识、新技术、新工艺和新方法要求，遴选教学典型任务，将精益求精、追求卓越的工匠精神和课程思政内容融入每个学习任务，引导学生树立正确的世界观、人生观和价值观，努力成为德智体美劳全面发展的社会主义建设者和接班人。

三、模块引领，任务驱动，知识能力素养并重

教材框架清晰，按照“模块”“任务”的二级结构体例进行编排，以项目引领、任务驱动的职业教育教学方法编写，开发了7个模块，84个学习任务。搭建“学知识、长技能、开视野、修素养”的学习架构，注重思想性、文化性和灵活性，以提高职校学生的核心竞争力，全面提升和培养学生综合素养。

四、图文并茂，视听结合，学习形式方便多样

本教材采用正16开本，以文、图、视频相结合的版式呈现，以利于展示代表性西式菜肴加工过程中所涉及的关键技能点，条理清晰，文字简洁。各单位、数据格式等均按照图书出版标准进行编写。依托现代信息技术，构建了可听、可视、可练、可互动的多维联动学习模式，形成“互联网+课程”新形态立体化教材，同时搭建了在线课程平台，赋能线上线下混合式教学、翻转课堂教学，让师生的教学不受时间、空间限制。

五、理实结合，四位一体，突出职业教育特色

按照理论与实践相结合的思路进行内容整合，助力“教、学、做、评”合一的四位一体的教学法，以项目任务式的结构进行编排，注重对学生动手能力的培养，做到知识传授、技能训练和能力培养同步，以任务驱动，以西餐岗位职业特征、职业成长规律和典型工作任务提炼教学任务，反映新知识、新技术、新工艺、新方法，实现课程内容与职业标准对接、教学过程与生产过程对接。

本教材内容由7大学习模块组成。7大模块分别是西餐配菜制作、西餐开胃菜制作、西餐汤菜制作、西餐副菜制作、西餐主菜制作、西式早餐制作、西式快餐制作，涵盖了西餐行业常见的代表性菜品。本教材由鲁煊、朱照华、谭顺捷担任主编，由黄永泽、沈培奇、陈丙坤、周济扬、郭景鹏、严学迎、滕永军、郝志阔等担任副主编，由覃唯劲、高肖竹、黄晓婷、赖裕华、武军、王一鸣、陈宇超、覃唯任、梅明周、范泽怀、班立德、颜旭文、林梅、张开伟、张津玮、伍春林、黄吉祥、杨林、吴强、邓友邦、黎子宁、周保彤、梁品、袁德华、陈涛、易树敏、刘沛琦、毛富、黄猛、李胜胜、蒋永坤、覃雷鸣、李梅远、陆英娜、安朋朋、禤满雄、严宇、王茂雪、于海军、李顺华、莫茹茵等担任参编。具体分工如下：绪论由鲁煊编写；模块一中的任务1和任务4由黄猛、李胜胜、莫茹茵编写，任务3和任务4由邓友邦、黎子宁、周保彤编写，任务5和任务6由林梅、张开伟、张津玮、伍春林

编写，任务 7 和任务 8 由严宇、王茂雪编写；模块二中的任务 1 和任务 2 由黄吉祥、杨林、吴强编写，任务 3 和 任务 4 由易树敏、刘沛琦、毛富编写，任务 5 和任务 6 由于海军、李顺华、蒋永坤、覃雷鸣编写，任务 7 至 任务 9 由鲁煊编写；模块三中的任务 1 至任务 3 由鲁煊、朱照华、谭顺捷、黄永泽编写，任务 4 和任务 5 由沈培奇、陈丙坤、周济扬编写，任务 6 至任务 8 由鲁煊编写；模块四中的任务 1 至任务 2 由郭景鹏、严学迎编写，任务 3 和任务 4 由滕永军、郝志阔编写， 任务 5 至任务 7 由覃唯劲、高肖竹、黄晓婷、赖裕华、武军编写；模块五中的任务 1 至任务 3 由王一鸣、陈宇超、 覃唯任编写，任务 3 至任务 5 由梅明周、范泽怀、班立德、梁品编写，任务 6 和任务 7 由鲁煊、 颜旭文编写；模块六中的任务 1 至任务 3 由袁德华、陈涛、李梅远编写，任务 4 至 任务 6 由鲁煊、陆英娜、安朋朋编写，任务 7 和任务 8 由禤满雄、朱照华、谭顺捷编写； 模块七中的任务 1 至任务 5 由鲁煊编写，任务 6 至任务 8 由黄永泽、沈培奇、鲁煊编写。全书由鲁煊负责统稿。

本教材在编写过程中得到了广西烹饪餐饮行业协会西餐专业委员会的专项指导，在模块与任务技术标准方面得到了南宁香格里拉、南宁荔园山庄、南宁万丽酒店等企业的帮助，在数字资源建设方面得到了广西海盛传媒有限公司的大力支持，在体例设计、出版等方面得到了西南交通大学出版社的悉心指导，在此一并表示衷心感谢。由于西餐涵盖面广、品种较多，个体认知、饮食习惯等方面均存在一定的差异，导致教材难以做到面面俱到，恳请广大读者批评指正，为后期教材的改版完善提供指导。

鲁　煊
2023 年 12 月

多媒体资源目录

续表

序号	模块	任务	资源名称	资源类型	页码
20	模块三 西餐汤菜制作	任务1	西班牙番茄冷汤	视频	71
21		任务2	法式洋葱汤	视频	74
22		任务3	罗宋汤	视频	077
23		任务4	咖喱羊肉汤	视频	080
24		任务5	南瓜奶油汤	视频	083
25		任务6	鸡肉菜丝清汤	视频	086
26		任务7	栗子蓉雪花汤	视频	089
27		任务8	匈牙利牛肉汤	视频	092
28		模块小结	西餐汤菜制作练习题	在线答题	095
29	模块四 西餐副菜制作	任务1	英式炸鱼柳配鞑靼汁	视频	099
30		任务2	海鲈鱼主菜配柠檬黄油汁	视频	102
31		任务3	铁扒大虾配红酒汁	视频	105
32		任务4	芝士培根焗鲜贝	视频	108
33		任务5	意式酿鱿鱼配红椒泥	视频	111
34		任务6	法式烤鲍鱼配土豆泥	视频	114
35		任务7	意式龙利鱼卷配番茄汁	视频	117
36		模块小结	西餐副菜制作练习题	在线答题	120
37	模块五 西餐主菜制作	任务1	芝士焗猪排	视频	123
38		任务2	西冷牛排主菜配黑椒汁	视频	126
39		任务3	威灵顿牛柳	视频	129
40		任务4	爱尔兰炖羊肉	视频	132
41		任务5	红酒烩兔肉	视频	135
42		任务6	迷迭香煎羊排配莎莎酱	视频	138
43		任务7	铁扒西冷配辣根汁	视频	141
44		任务8	香橙鸭胸	视频	144
45		模块小结	西餐主菜制作练习题	在线答题	147

续表

序号	模块	任务	资源名称	资源类型	页码
46	模块六 西式早餐制作	任务 1	洋葱培根欧姆蛋	视频	151
47		任务 2	勃艮第红酒水波蛋	视频	154
48		任务 3	苏格兰羊肉薏米粥	视频	157
49		任务 4	坚果奶油松饼	视频	160
50		任务 5	法式煎吐司	视频	163
51		任务 6	经典格子华夫饼	视频	166
52		任务 7	香煎培根卷	视频	169
53		任务 8	番茄芝士香肠	视频	172
54		模块小结	西式早餐制作练习题	在线答题	175
55	模块七 西式快餐制作	任务 1	约克辣味炸鸡	视频	179
56		任务 2	奶酪牛肉汉堡	视频	182
57		任务 3	熏鸡肉蘑菇比萨	视频	185
58		任务 4	加利福利亚比萨	视频	188
59		任务 5	美式热狗	视频	191
60		任务 6	总汇三明治	视频	194
61		任务 7	乡村肉酱千层面	视频	197
62		任务 8	茄汁虾仁意面	视频	200
63		模块小结	西式快餐制作练习题	在线答题	203

致老师

尊敬的老师：

您好！

感谢您选择《西餐烹调工艺与实训（第 3 版）》，本教材依据职业教育国家教学标准体系西式烹饪工艺 2022 年版专业简介中的课程教学内容组织编写。编写团队基于工作过程系统化地进行“教、学、做、评”合一教学设计，以项目任务式的结构编排内容，融合现代信息技术构建富媒体式立体化教材。您在教学过程中可以通过各教学任务描述，引导学生进行任务分析，做好任务实施计划。实施过程需要引导学生做好主辅原料及调料准备工作、熟悉生产制作流程、弄清生产制作注意事项、依据步骤进行生产制作并就制作过程及产品质量进行检查和评价，从而完成各任务的教学工作。

一、任务架构思路

1. 任务描述

第一步提出任务目标；第二步确定完成任务应采取的措施；第三步提出实施过程中应具备的职业精神要求和完成任务的时间要求；第四步确定实施后的清洁卫生要求及延伸训练的相关要求。

2. 任务分析

对每个需要完成的任务的相关知识进行介绍，并按照西餐厨房菜肴产品生产过程对实训内容进行学习分析，每个任务确定多个有着紧密联系的问题，学生根据问题，探讨解决问题的办法，提升学生分析问题、解决问题的能力。

二、教学实施建议

1. 教学队伍

在组织和实施过程中，建议由专职教师和兼职教师组建教学团队，共同实施教学。专职教师负责前期的学习准备、实训过程及质量检查和评价，企业兼职教师负责中期的问题分析和任务实施的指导，充分发挥校内外教师的自身优势，取长补短，从而缩短教学内容与实际工作的距离。

2. 教学组织

课程教学依据任务设计采用“教、学、做、评”合一的方式进行。在课程内容组织上，建议全部采用项目、任务教学。在具体教学内容选取上，可以根据所在区域及学生毕业后服务的企业类型，从教学任务中进行优选，以满足人才培养需求。

3. 教学组织与手段

在教学方法上，建议根据课程特点和学生特点，灵活运用分组讨论、角色扮演、启发引导、任务驱动等实训教学方法，引导学生积极思考、乐于实践。在教学手段上，建议采用多维立体化的实训教学手段。

编　者

2023 年 12 月

致同学

亲爱的同学：

你好！

随着国内外餐饮市场的不断扩大，西餐烹饪专业的就业前景也越来越广阔。据统计，中国西式快餐市场规模已经达到了千亿级别，并且还在持续增长。同时，随着人们生活水平的提高和对健康、品质等方面要求的提高，高端西式餐厅也逐渐兴起。因此，在这个大背景下，学习西餐烹饪专业将会有更多的就业机会。除了传统意义上的中外合资企业、五星级宾馆等单位之外，在线上线下新型消费模式崛起后，各种互联网平台也开始涉足美食领域。在未来几年内，“互联网＋美食”将成为一个新兴领域，并且对掌握了西式烹调技能和相关知识技能人才的需求量会不断增加。本教材的使用将进一步提升你的问题意识、质量意识、责任意识、协作意识和安全意识，帮助你养成一丝不苟的敬业态度、精诚合作的团队精神，从而逐步形成受益整个职业生涯的核心能力。

为了让你的学习更加顺利，希望你能够做到以下几点：

第一，注重团结协作，完成学习任务

《西餐烹调工艺与实训（第 3 版）》每一个典型学习任务都是一个完整的工作过程，各学习小组要在小组长的带领下，分工协作，按时、保质、保量地完成学习任务。在学习前，大家应广泛交流，了解你的团队将要完成的学习任务，明确学完本任务后要达到的目标，也就是学完相关任务后，你能学会做什么，能独立完成什么任务，能拿出什么学习成果。另外，你还要关注一下本门课程的学业监控与评价方式及特点，这有利于顺利完成相关学习任务。

第二，积极主动学习，自觉谋求进步

你永远是自己学习的主人，要树立自觉学习、时刻学习、终身学习意识，通过学习提高发现问题、分析问题、解决问题的能力。老师首先是你学习的合作者，为你的主动学习提供充分的空间，让你有更多沟通与合作、参与学习过程评价的机会。老师还是你学习的支持者，他会在你需要时，指导你搞好学习，有序把握和推进学习进程。只有在学习过程中主动学习，自觉谋求进步，才能获得更好的职业能力。

第三，把握引导内容，制定学习方案

每个学习任务都有相应的任务目标、任务描述、任务分析、任务实施、综合评价，你应根据这些内容尽量独立自主地查阅文献资料，掌握实训过程，制定实训方案，完成每个实训任务，评价自己的实训效果。你应当大胆展示自己，积极参与团队学习活动，要相互协作、相互帮助，培养工匠精神、劳动精神，共同达成每个任务的学习目标。你还要学会客观地评价自己和别人的职业能力，及时总结反馈情况，自觉遵守职业道德规范。

预祝你们学有所成，早日成为西餐烹调领域的能工巧匠。

编　者

2023 年 12 月

目录

◎ 绪论

模块一　西餐配菜制作

模块四　西餐副菜制作

模块五　西餐主菜制作

绪 论

西餐，泛指各种西洋式的餐食，吃时常用刀叉。西餐的菜式料理与中国菜不同，一般使用橄榄油、黄油、番茄酱、沙拉酱等调味料，以不同的主食，搭配上一些蔬菜，如番茄、西兰花等。西餐这个词中“西”是西式的意思，一般指欧洲各国的，“餐”就是饮食菜肴。东方人通常所说的西餐主要包括西欧国家的饮食菜肴，当然同时还包括东欧各国、地中海沿岸等国和一些拉丁美洲等国的菜肴。

一、西餐宴会上菜顺序

西餐宴会的上菜顺序非常重要，它可以影响客人的用餐体验，同时也可以影响菜品的展示和厨师的工作。为了确保正确的上菜顺序，餐厅需要遵循一定的规则，并确保所有菜品都有足够的时间来烹饪和准备。

（一）头　盘

西餐的第一道菜是头盘，也称为开胃品。开胃品一般有冷头盘和热头盘之分，常见的品种有鱼子酱、鹅肝酱、熏鲑鱼（见图 0-1）、鸡尾杯、奶油鸡酥盒、焗蜗牛等。因为是要开胃，所以开胃菜一般都具有特色风味，味道以咸和酸为主，而且数量较少，质量较高。

图 0-1　熏鲑鱼

（二）汤　品

西餐的第二道菜是汤品。因汤含有刺激消化器官分泌消化液的物质，能够引起食欲并帮助消化，所以西餐中常把汤放在第二道。西餐的汤大致可分为清汤、奶油汤、蔬菜汤和冷汤等 4 类。常见品种有法式洋葱汤、罗宋汤（见图 0-2）、咖喱羊肉汤、南瓜奶油、奶油菜花汤、鸡肉菜丝清汤、栗子蓉汤、土豆青蒜蓉汤、意大利蔬菜汤、匈牙利牛肉汤。冷汤的品种较少，有农夫冷汤、番茄冷汤等。

图 0-2　罗宋汤

（三）副　菜

水产类菜肴一般作为西餐的第三道菜，也称为副菜。食材包括各种淡水或海水鱼类、贝类及软体动物类。由于水产类菜肴和蛋类、面包类、酥盒类菜肴的口感或鲜嫩或酥软，比较容易消化，所以常放在其他肉类菜肴（主菜）的前面，称为副菜。常见品种有英式炸鱼柳配鞑靼汁、煮鲈鱼配荷兰汁、铁扒大虾配红酒汁（见图 0-3）、芝士培根焗鲜贝配奶油菠菜、意式酿鱿鱼配红椒泥、法式烤鲍鱼配土豆泥、意式龙利鱼卷配番茄汁等。

图 0-3　铁扒大虾配红酒汁

（四）主　菜

畜、禽类菜肴是西餐的第四道菜，也称为主菜。畜类菜肴的原料为牛、羊、猪等各个部位的肉，其中最具代表性的是牛排。牛排按其部位又可分为西冷牛排（Sirloin）、菲力（filet）牛排、“T”骨（T-bone）牛排、牛小排（short rib）、肋眼（rib-eye）等。其烹调方法常用烤、煎、铁扒等。禽类菜肴的原料取自鸡、鸭、鹅、鸽等。通常将兔肉和鹿肉等也归入畜禽类菜肴。禽类菜肴中使用最多的是鸡，如山鸡、火鸡、竹鸡，可煮、炸、烤、焖等。畜禽类菜肴的常见品种有炸火腿奶酪猪排、煎肋眼牛排配黑椒汁、威灵顿牛柳（见图 0-4）、迷迭香煎羊排配莎莎酱、铁扒西冷配辣根汁、香煎鸡扒配香菇红酒汁、香橙鸭胸、法式煎鸽肉等。

图 0-4　威灵顿牛柳

（五）蔬菜类菜肴

蔬菜类菜肴可以安排在肉类菜肴之后，也可以与肉类菜肴同时上桌，所以可以算作一道菜，或称之为一种配菜。蔬菜类菜肴在西餐中被称为沙拉。与主菜同时服务的沙拉，称为生蔬菜沙拉，一般用生菜、西红柿、黄瓜、芦笋等制作。还有一些蔬菜是熟食的，比如花椰菜、煮菠菜、炸土豆条。熟食的蔬菜通常是与主菜的肉食类菜肴一同摆放在餐盘中上桌，称之为配菜。常见品种有煮番芫荽土豆、法式炸薯条、奶油烤土豆、米兰藏红花烩饭、瑞士土豆饼、法式土豆泥、法式蒜香煎口蘑等。

（六）甜 品

西餐的甜品是主菜后食用的，可以算作第六道菜。在中世纪，糖的地位非常高，因此，甜品在欧洲曾经是非常奢华的食品，所以在 16 世纪前的欧洲，用餐尾声的甜点就被当作宴请宾客的最高礼遇，这一点随着西餐的传承而被保留了下来。从真正意义上讲，它包括主菜后的所有食物，如布丁、煎饼、冰淇淋、奶酪、水果等。

（七）咖啡、茶

西餐宴会的最后会上饮料，如咖啡或茶饮，这被视为一次用餐结束的标志，在一些非正式场合，常被包含在甜品环节。饮咖啡时一般要加糖和淡奶油，用茶时一般要加香桃片和糖。常见的饮料品种有红茶、卡布奇诺、意式浓缩咖啡等。

二、西餐厨房工作间

西餐厨房工作间是指西餐厨房中具体操作加工的工作场所或生产区域，具体来讲，是指在大厨房（整个厨房）涵盖下的小厨房，是不同工种相对集中、合一的作业场所，比方说冻房、扒房、包饼房、肉房等。

（一）冻 房

西餐冻房又称冻厨、冷房，相当于中餐的凉菜间。冻房的主要任务是制作各种冷菜，例如各种沙拉、果盘、沙拉酱汁、各种西式冷切盘（见图 0-5）、芝士盘（见图 0-6）、三明治等。其特点是拼摆的冷盘样多，艺术性强。由于制作冷菜没有加热工序，所以对冻房卫生要求极高，如果有细菌污染可能会造成食物中毒事件。

图 0-5　冷切盘

图 0-6　芝士盘

（二）扒　房

西餐扒房又称为热厨，相当于中餐的炒锅。扒房的主要任务是用炉灶烹调食物，也就是常说的炒菜，它是食品加工的最后一道工序，将肉房提供的半成品烹调，使之成为色、香、味、形俱佳的食品。在扒房工作，要熟悉原料的性能、荤素的搭配、营养的保存、火候的运用等。

（三）包饼房

包饼房是面包房和蛋糕房的简称。包饼房是各工作间中唯一能单独进行工作的工作间，它不需要其他工作间的配合就能制出食品。其任务是制作各种面包（见图 0-7）、蛋糕、饼干等各类点心。品种的多少及质量的高低要视面点厨师的技术而定。

图 0-7　各式面包

（四）肉　房

西餐厨房常将初加工间称为肉房，肉房又分动物性原料加工间和植物性原料加工间。动物性原料加工间的任务就是将动物性原料进行去毛、去皮、洗净、开生、剔骨、合理分档、分类等初步处理并储存。冷藏时冰箱的温度应控制在 −5℃ ~ 0℃。生肉加工间应按厨师长每天开列出的菜单进行准备工作，还要按菜单要求的形状，进行切片、切块、切条、排薄等工作。植物性原料加工间的任务是保存蔬菜、切配炉灶和汤锅所需要的菜码及配菜，以及蔬菜类原料的洗涤、去皮，蒸米饭等。

三、西餐厨房员工规范

厨房员工应每年进行健康检查；新参加工作和临时参加工作的食品生产经营人员必须先进行健康检查，取得健康证后方可参加工作。在健康检查中发现患有痢疾、伤寒、病毒性肝炎、活动性肺结核、化脓性或渗出性皮肤病者，不得直接参与食品的生产。同时，要养成良好的个人卫生习惯，例如，要勤剪指甲，勤洗手，勤洗澡，勤理发，勤换工服、围裙和擦手布；工作前将手和裸露的肌肤洗干净，尤其是在饭后、酒后、抽烟后、上完厕所后、接触任何可能感染上细菌的东西后；操作时不戴戒指、手镯、手表，更不允许涂指甲油；不允许对着食品打喷嚏。如果咳嗽或打喷嚏，要用手将嘴捂上，头偏转，然后将手洗干净；工作时不吸烟或嚼口香糖，不挖鼻孔、掏耳朵、剔牙等。除了以上所有工作间的共性工作规范外，不同工作间还有一些特殊规范。

（一）冻房员工工作规范

（1）做到专人、专室、专工具容器、专消毒、专冷藏。

（2）严格检查所用原料，不合卫生标准的不用，做到不制作、不出售变质和不洁的食品。

（3）操作人员要严格执行洗手、消毒规定。

（4）在操作中接触生面、生肉、生菜等生食品后，在切制冷荤熟肉、凉菜前必须再次消毒，使用卫生间后必须再次洗手消毒。

（5）冷荤制作、保管和冷藏都要严格做到将生熟食品原料分开，生熟工具容器、刀、砧板、盆、秤、冰箱等严禁混用，避免交叉污染。

（6）冷荤专用刀用后要洗净、消毒。

（7）冷荤专用砧板、案板、抹布每日用后要洗净，次日用前消毒，砧板、案板定期用碱水进行消毒。

（8）盛装冷荤、熟肉、凉菜的盆和容器需在每次使用前刷净消毒。

（9）存入冷荤熟肉、凉菜的冰箱及房门把手需用消毒小毛巾套上，每日更换数次。

（二）扒房员工工作规范

（1）使用炉灶前，要仔细地检查电源设施及炉灶系统。炉灶电器设备必须确认正常后才能启动。

（2）打开风机开关通风 5 分钟后，才能打开气源开关。

（3）味盅必须干净，摆放整齐，调料台干净。

（4）检查原料的质量。瓜果、青菜必须干净，无腐烂；鱼、肉类必须新鲜。

（5）烹调前后需保持炉灶、台面、调味台清洁，达到无杂物、无垃圾、无油污，沟渠无堵塞、无污水的标准（见图 0-8）。

（6）烹调结束后，剩余的菜及时集中回收，肉类包上保鲜纸放入冰箱，蔬菜、水果也要包上保鲜纸。

图 0-8　干净整齐的扒房

（三）包饼房员工工作规范

（1）用清水加洗涤剂去掉器具上的油污、面垢，保持器具里外无杂物、干净。

（2）用清水冲洗器具后再抹干擦干，做到无洗涤剂泡沫、无杂物。

（3）和面时加入适当的水和配料进行搅拌，先慢速，再由中速到快速。

（4）完成后及时做好机器设备和工作场地的卫生工作，做到设备无杂物、无面垢、无奶油渍，地板无垃圾、无杂物，台面无面粉。

（四）肉房员工工作规范

1. 切配工作规范

（1）初洗。将去皮的瓜果、去掉菜头的蔬菜、打鳞的鱼类、去毛的肉类，用清水清洗。

（2）细洗。将切过后的菜品倒入洗菜池，浸泡 30 分钟，再清水洗 2 ～ 3 次。

（3）清洁。菜筐要逐个清洗，干净后才能放置菜，做到里外干净，无污垢、无雨污、无杂物。

2. 切菜工作规范

（1）刀、砧板、台面冲洗干净。达到刀无锈、无油污，砧板无异味，台面无污垢。

（2）切配菜按规定进行分类切配，精工细作，达到大小均匀。

（3）切配好的菜整齐摆放在菜架上。

（4）切配中必须一边切菜，一边清理卫生。

（5）切配完成后及时清理卫生。做到：生熟刀、砧板清洗后分开悬挂；台面无杂物、积水；地面无垃圾、积水；渠无污水、无杂物堵塞（见图 0-9）。

图 0-9 干净整齐的肉房

四、西餐厨房原料使用规范

（一）原料验收管理

验收人员必须以企业利益为重，坚持原则，秉公验收，不图私利；验收人员必须严格按验收程序完成原料验收工作；验收人员必须了解即将取得的原料与采购订单上规定的质量要求是否一致，拒绝验收与采购单上规定不符的原料；验收人员必须了解验收过程中发现问题的处理流程与方法。验收完毕后，验收人员应填写好验收报告，备存或交给相关部门的相关人员。

（二）原料领用管理

西餐厨房原料领用的最佳管理办法就是严格遵循按需采取原则，每日用多少领多少。一次性领得过多放在厨房里很容易造成原料变质、变味。厨房的温度相对较高，味道也复杂，食材长时间放在厨房中容易串味，这样会影响原料的本味，使菜肴出品达不到要求。有时原料会出现人为的“失踪”，这是因为货多不好管理，一两件原料有时很难顾及。这种丢失既增加了成本，又给货物的管理和员工纪律的管理带来很大困难。因此，要制定科学的原料领用管理制度，如“原料使用率统计”制度等。

（三）冰箱存货管理

冰箱内的存货量过大，不仅会使冰箱的运作效率降低，同时也使冰箱的制冷效果不佳，从而影响到菜品本身的质量。原料存量大，会给烹调操作过程带来很大的不便，也不利于货物先进先出。工作中员工为了方便省事，不会将先进的货放在冰箱的最前端，因为每一次进入新货都要将老货搬出，把新货放到最里边，这样不仅工作量大，也很麻烦。有些员工为减少这种麻烦，把后进原料放在最前面，下一班人员不知情，就将后进货先加工出去，而先进货则堆到了冰箱的角落，时间一长，原料变质，从而直接影响菜肴成品的质量。因此，要“按需进货”“少进勤进”，并制定好冰箱存货的管理制度。

（四）加工现场管理

现场加工也是烹饪原料管理的重要环节，它直接影响到菜品的出品速度和成品率的高低，厨房管理人员要随时到加工现场进行跟进和指导，发现不符合标准的地方立即指出，并给予帮助。若是菜品到餐桌后才发现不合格，引起客人投诉，造成菜品的重新制作，这样不仅浪费人力，还会降低顾客对企业的满意度，这些都是导致成本上升、利润减少的重要因素。

五、西餐厨房员工的职业标准

职业标准是根据某种职业的特点，对从事该职业的人员所需的基本素质、技能、知识、能力、态度等方面的规范和要求。作为一名职业厨师，应具备的职业标准如下：

（一）积极进取的工作态度

要成为一名合格的职业厨师，必须拥有自信的工作态度。对工作严谨认真并不是说就无法从工作中获得乐趣，而是说真正的乐趣来自令人满意的工作成果。每一个经验丰富的主厨都有从紧张刺激的工作中获得乐趣的经验。每当夜幕降临，一天最繁忙的工作到来之时，点菜单雪片般飞来，分秒必争也未必赶得上；厨师们都在各自埋头苦干，团结协作，刀叉锅勺乒乓作响，空气中弥漫着令人兴奋、紧张的气氛。积极乐观的厨师干起活来效率很高，而且动作干净、利落、安全。

（二）充沛的体力

从事餐饮业要求有耐力和毅力，身体健康，勤奋，能吃苦，因为餐饮服务是一项艰苦的工作，别人娱乐时厨师却在忙碌，且工作内容单调乏味，工作压力极大，工作时间长，劳动强度大。

（三）协作能力

西餐的制作涉及多道工序，所以厨师总是要与人合作。餐饮业需要的是团队整体的力量，所以厨师必须有与他人合作的精神和能力。若是任由自我意识膨胀，猜忌他人，好胜心过强，个人意识严重，或感情用事，那么造成的损失将是巨大的。过去许多主厨都以脾气大而扬名，而在如今则更推崇厨师具有自我控制力和协作精神。

（四）勤学好问的学习精神

在烹饪领域内总是有学不完的知识，即使是花费一生的精力也未必得其全部真果。即使是世上最著名的主厨们都承认自己做得还不够好，还需继续学习，因此他们不断努力、实训、探索和学习。餐饮业发展变化极快，勇于接受新观点、新思想是至关重要的，因为不管技巧多么精湛，都存在努力与突破的空间。

（五）全面的知识储备

许多人成为职业厨师是因为他们喜欢烹饪，这是非常重要的。但是只有热爱还不够，他们还必须具备其他方面的知识和技巧。一个优秀的厨师必须掌握成本核算的方法及其他相关经济知识，需懂得与供应商打交道的技巧及人力管理的方式方法等。

（六）经受磨练的经验

有一位受人尊敬的烹饪大师曾经说过这样的话："只有当您把一道菜做过 1 000 遍以后，您才能真正懂得如何做好这道菜。"任何东西都不能代替日复一日、年复一年的实践经验。在书本上学会的烹调原理只是提供了一个好的理论基础，而要想成为一名卓有成就的厨师，就必须实践、实践、再实践。文凭无法帮助初学者成为真正的厨师。

（七）精益求精的质量意识

食品好坏的一个重要方面是制作质量的高低。有做得不好吃的烤鸭，也有做得好吃的烤鸭；有做得好吃的汉堡和薯片，也有做得不好吃的汉堡和薯片。不管在哪儿工作，在法式餐馆也好，快餐厅也好，大学自助餐厅也好，要做出质量上乘的食品，首先厨师头脑中必须要有精益求精、质量至上的意识，仅仅知道怎样做是远远不够的。然后，还必须学会协调食物颜色、形状和质地，这样做出的菜肴既美味又赏心悦目。

（八）扎实的基本功

实践与创新是当今时代的要求。出色的厨师都敢于打破旧的条条框框的束缚，创造出前所未有的菜肴。创新的路途是无界的。要创新必须先知道由何处开始着手。对于初学者来说，学会基本的技巧有助于更好地实践。当初学者观摩一位有经验的厨师操作时，才会将看到的一切更好地消化理解，才能懂得该问什么样的问题。即使是那些被称为厨艺界的大师的人也要严格遵守前辈们传承下来的最基本的技巧和制作方法。

（九）具备良好的厨德

只有具备好厨德才能使厨师走向成功，在行业内有所建树。所以说，厨德是当好一名厨师的根本。如何在方寸灶台上培养好厨德呢？良好的厨德主要包括四方面：一是要热爱行业，立足本职；二是要踏实工作，精益求精；三是要谦虚谨慎，持之以恒；四是要亲和同行，尊重前辈。

（十）对企业和顾客充满感情

对企业要有“家”的感情。一个好的餐饮企业离不开技艺超群的厨师队伍，同样一个大师也需要好的企业做后盾，把企业做大做强是广大厨师义不容辞的责任。我们常说顾客是上帝，要满足顾客需求，需要从细节观察顾客需求，认真研究顾客心理，掌握顾客的消费趋向，把顾客摆在第一位。

模块一

西餐配菜制作

学习目标

素质目标

1. 具备“爱粮”“节粮”的优秀品质。
2. 树立科学看待各国饮食文化的现代文明观。
3. 具有较强的团队协作能力及精益求精的工匠精神。
4. 具备较强的时间管理观念和效率意识。
5. 养成善思考、善观察和勤学好问的好习惯。

知识目标

1. 了解西餐配菜的风味特点与用料。
2. 了解西餐配菜的作用、分类情况。
3. 熟悉常见代表性西餐配菜的主料、辅料、调料识别技巧。
4. 掌握常见代表性西餐配菜的工艺流程及要点。
5. 掌握常见代表性西餐配菜的“举一反三”创新的思路。

能力目标

1. 能对小组成员的实训角色进行恰当的分工，并能做好组织、统筹、监督、检查的工作。
2. 能较好运用初加工岗位涉及的洗涤技术、分档取料、切配技术等，依据典型任务实施相关要求做好常见代表性西餐配菜的准备工作。
3. 能够制作常见代表性西餐配菜，且工艺流程、制作步骤、成菜质量等符合相关标准。
4. 通过对常见代表性西餐配菜知识的学习与各代表性菜肴的实训操作，结合当前西餐行业的发展方向及市场需求，能进行创新、开发出适合目标客户群体需求的西餐配菜。

任务 1 煮番芫荽土豆

Boiled Coriander Potatoes

图 1-1-1　煮番芫荽土豆成品图

煮番芫荽土豆

任务目标

1. 知道煮番芫荽土豆所需的主辅调料，并能按标准选用。

2. 掌握煮番芫荽土豆的生产制作步骤、成品质量标准和安全操作注意事项。

3. 能按照任务实施说明做好各项准备，并独立完成生产制作。

任务描述

依据图 1-1-1“煮番芫荽土豆成品图”所示，认真研读并熟记煮番芫荽土豆标准菜谱中所列的用料、制作流程、要点解析、制作步骤、拓展创新等内容，观看本菜品制作过程图片与操作视频，并完成任务分析中的核心问题。

在实训指导老师的指导下，用精益求精、追求卓越的工匠精神，独立生产制作 1 份符合标准的菜品。

任务分析

此菜具有“形态美观、口味咸鲜、色泽淡黄中略带绿色”的特点，它是西餐中常用配菜之一。制作此配菜宜选用黄心土豆，黄心土豆的淀粉含量高，吃起来更粉嫩，味道也更香。为高质量地完成本任务，各学员不仅要按照“任务描述”中的要求做好准备，还应认真分析以下几个核心问题：

1. 优质的黄心土豆具有的品相是什么？

2. 土豆带皮煮还是去皮煮更符合质量要求？

任务实施	主料辅料调料识别与准备	主料：黄心土豆2个约350 g（见图1-1-2）。 辅料：番芫荽1小枝约10 g（见图1-1-3）。 调料：黄油15 g，精盐4 g（见图1-1-4）。  图1-1-2  图1-1-3  图1-1-4
	流程识读	清洗土豆→刀工处理→煮制→调味→装盘。
	要点解析	1. 宜选用淀粉含量高、心呈黄色的土豆。 2. 煮土豆的水量一定要没过土豆。 3. 煮土豆的时间一定要控制好，煮至刚熟即可。
	依据步骤与图示制作	步骤1：将土豆洗净，然后将土豆表皮削干净（见图1-1-5）。 步骤2：将土豆切成大小均匀的块（见图1-1-6），然后用清水洗掉表面的淀粉颗粒。 步骤3：将番芫荽剁成末（见图1-1-7），黄油放进微波炉加热融化。 步骤4：锅中加入能没过土豆的清水，加入精盐，放入土豆块小火煮制(见图1-1-8)，待水沸腾后转小火煮约5分钟至熟，捞出控干水分(见图1-1-9）。 步骤5：将熟土豆放进盛器中，浇上融化的黄油，撒上番芫荽末拌匀（见图1-1-10），放进盛菜碟中即可。

任务实施

依据步骤与图示制作

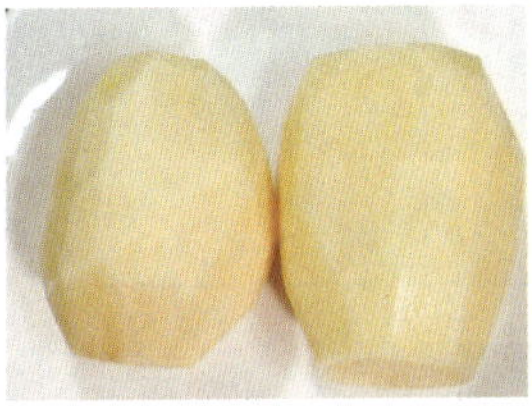

图 1-1-5

图 1-1-6

图 1-1-7

图 1-1-8

图 1-1-9

图 1-1-10

拓展创新探究

土豆可以视喜欢切成不规则或切成拼花用的大、中、小形状，例如“橄榄型”，或用挖球勺转挖成圆球形。在口味上可以根据顾客需要加入少许黑胡椒碎、柠檬汁等丰富口味。

综合评价

生产制作完成后，由你本人、你所在的小组其他成员和生产制作指导老师组成综合性评价小组，依据标准填写下列评价表。

评价主体	评价要素							合计100%	比例	分值
	实施前		实施中			实施后				
	资料查找10%	任务分析20%	原料准备10%	生产规范20%	成品质量15%	清洁卫生15%	实训报告10%			
自我评价									30%	
小组评价									30%	
老师评价									40%	
总　分									100%	

任务 2 法式奶油烤土豆
Roasted Potatoes with Cream

图 1-2-1 法式奶油烤土豆成品图

法式奶油烤土豆

任务目标

1. 知道法式奶油烤土豆所需的主辅调料，并能按标准选用。

2. 掌握法式奶油烤土豆的生产制作步骤、成品质量标准和安全操作注意事项。

3. 能按照任务实施说明做好各项准备，并独立完成生产制作。

任务描述

依据图 1-2-1“法式奶油烤土豆成品图”所示，认真研读并熟记法式奶油烤土豆标准菜谱中所列的用料、制作流程、要点解析、制作步骤、拓展创新等内容，观看本菜品制作过程图片与操作视频，并完成任务分析中的核心问题。

在实训指导老师的指导下，用精益求精、追求卓越的工匠精神，独立生产制作 1 份符合标准的菜品。

任务分析

此菜具有“表面白色中带焦黄色斑点、口感软烂、奶香味浓郁、略带咸味”的特点。它是法国最常见的一道家常菜，香醇的奶油和软滑的土豆搭配简单的调味料烘烤即成。为高质量地完成本任务，各学员不仅要按照“任务描述”中的要求做好准备，还应认真分析以下几个核心问题：

1. 烤制时宜选用什么类型的烤箱？

2. 烤制的最佳温度在什么范围？

任务实施

主料辅料调料识别与准备

主料：黄心土豆 2 个约 300 g（见图 1-2-2）。

辅料：奶油 30 mL，纯牛奶 80 mL，鸡蛋 1 个，帕玛森芝士碎 30 g，瑞士奶酪 20 g（见图 1-2-3）。

调料：黄油 40 g，精盐 2 g，胡椒粉 1 g，豆蔻粉 1 g，蒜片 10 g，蒜蓉 5 g（见图 1-2-4）。

图 1-2-2

图 1-2-3

图 1-2-4

流程识读

涂抹烤盘→调制奶油汁→清洗土豆→切制→装盘→烤制→装盘。

要点解析

1. 土豆不宜切得太厚，太厚不易入味也不易烤熟。
2. 烤制过程中应盖上锡箔纸，防止水分过度蒸发。
3. 可以用白少司来代替纯牛奶，这样有助于防止酱汁凝固。

依据步骤与图示制作

步骤 1：将烤盘用大蒜涂抹，然后再用黄油均匀地涂抹（见图 1-2-5）。

步骤 2：取一不锈钢圆盆将奶油、牛奶、鸡蛋、精盐、胡椒粉、豆蔻粉、蒜蓉等放入，然后搅拌均匀（见图 1-2-6）。

步骤 3：将土豆洗净后削皮，然后放入冷水中浸泡（见图 1-2-7）。

步骤 4：将土豆切成 0.3 cm 厚的片，然后整齐地摆放在烤盘中，每摆放一层就淋一层混合奶油汁（见图 1-2-8），在表面摆上黄油丁，撒上帕玛森芝士碎和瑞士奶酪（见图 1-2-9）。

步骤 5：用锡箔纸盖上，放入 170 ~ 180℃的烤箱内烘烤 30 分钟，然后揭开锡箔纸并继续烘烤至顶部呈现褐色斑点（见图 1-2-10），土豆变软后取出，装盘即可。

任务实施

依据步骤与图示制作

图 1-2-5

图 1-2-6

图 1-2-7

图 1-2-8

图 1-2-9

图 1-2-10

拓展创新探究

如加入 200 g 切好的洋葱丝在烤盘底，采用此法制作即是“洋葱烤土豆”；如加入 150 g 切成丁状的培根，采用此法制作即是“培根烤土豆”。

综合评价

生产制作完成后，由你本人、你所在的小组其他成员和生产制作指导老师组成综合性评价小组，依据标准填写下列评价表。

评价主体	评价要素							合计 100%	比例	分值
	实施前		实施中			实施后				
	资料查找 10%	任务分析 20%	原料准备 10%	生产规范 20%	成品质量 15%	清洁卫生 15%	实训报告 10%			
自我评价									30%	
小组评价									30%	
老师评价									40%	
总　分									100%	

任务 3　瑞士土豆饼

Swiss Potato Cake

图 1-3-1　瑞士土豆饼成品图

瑞士土豆饼

任务目标

1. 知道瑞士土豆饼所需的主辅调料，并能按标准选用。

2. 掌握瑞士土豆饼的生产制作步骤、成品质量标准和安全操作注意事项。

3. 能按照任务实施说明做好各项准备，并独立完成生产制作。

任务描述

依据图 1-3-1“瑞士土豆饼成品图”所示，认真研读并熟记瑞士土豆饼标准菜谱中所列的用料、制作流程、要点解析、制作步骤、拓展创新等内容，观看本菜品制作过程图片与操作视频，并完成任务分析中的核心问题。

在实训指导老师的指导下，用精益求精、追求卓越的工匠精神，独立生产制作 1 份符合标准的菜品。

任务分析

此菜具有“色泽金黄、口味咸鲜、口感酥香”的特点，它是风靡瑞士大街小巷的传统美食，瑞士餐馆通常用它作主食的常规配菜，许多瑞士人也把这种土豆饼看作标志性的民族菜肴。为高质量地完成本任务，各学员不仅要按照“任务描述”中的要求做好准备，还应认真分析以下几个核心问题：

1. 土豆切丝前应经过哪些环节的处理？

2. 煎制土豆饼时如何防止土豆饼松散？

任务实施	主料辅料调料识别与准备	主料：黄心土豆 2 个约 350 g（见图 1-3-2）。 辅料：洋葱 30 g，培根 50 g，苦菊菜 25 g（见图 1-3-3）。 调料：黄油 20 g，素奶油 30 g，精盐 3 g，胡椒粉 0.5 g（见图 1-3-4）。  图 1-3-2  图 1-3-3  图 1-3-4
	流程识读	清洗土豆→煮制土豆→刀工成形→煎制成熟→改刀装盘。
	要点解析	1. 煮制带皮土豆时火力不宜过大，煮至土豆刚熟不软烂为佳。 2. 煮熟的土豆要彻底凉透，在切丝时就不会黏在一起。 3. 煎制过程中要用铲子压平、压实，防止土豆饼不成形。
	依据步骤与图示制作	步骤 1：将土豆清洗干净，带皮放入冷水锅中，小火煮约 20 分钟至刚熟，取出晾凉（见图 1-3-5）。 步骤 2：将熟土豆去皮后加工成约 0.3 cm 粗的丝（见图 1-3-6），然后把洋葱和培根肉分别切成末。 步骤 3：锅烧热后放入黄油，将洋葱末、培根末炒香后加入切好的土豆丝稍炒（见图 1-3-7），用精盐、胡椒粉调味后炒匀。 步骤 4：用勺子像煎薄饼一样把土豆丝压平、压实（见图 1-3-8），小火煎至底部上色变脆（见图 1-3-9），然后把它翻过来，另一面也煎至上色变脆。 步骤 5：把土豆饼放到熟食砧板上切成大小适中的块（见图 1-3-10），搭配上素奶油及苦菊菜即可。

任务实施

依据步骤与图示制作

图 1-3-5

图 1-3-6

图 1-3-7

图 1-3-8

图 1-3-9

图 1-3-10

拓展创新探究

在生产制作中，很多原料都可以作为土豆的调味品，例如切碎的番芫荽、腌肉、全熟的鸡蛋、碎奶酪以及大蒜等。在装盘时土豆常作为牛排的配菜，也可以作为风味小吃单独成菜。

综合评价

生产制作完成后，由你本人、你所在的小组其他成员和生产制作指导老师组成综合性评价小组，依据标准填写下列评价表。

评价主体	评价要素							合计100%	比例	分值
	实施前		实施中			实施后				
	资料查找10%	任务分析20%	原料准备10%	生产规范20%	成品质量15%	清洁卫生15%	实训报告10%			
自我评价									30%	
小组评价									30%	
老师评价									40%	
总　分									100%	

任务 4 土豆泥
Mashed Potatoes

图 1-4-1 土豆泥成品图

土豆泥

任务目标

1. 知道土豆泥所需的主辅调料，并能按标准选用。
2. 掌握土豆泥的生产制作步骤、成品质量标准和安全操作注意事项。
3. 能按照任务实施说明做好各项准备，并独立完成生产制作。

任务描述

依据图 1-4-1 所示“土豆泥成品图”，认真研读并熟记土豆泥标准菜谱中所列的用料、制作流程、要点解析、制作步骤、拓展创新等内容，观看本菜品制作过程图片与操作视频，并完成任务分析中的核心问题。

在实训指导老师的指导下，用精益求精、追求卓越的工匠精神，独立生产制作 1 份符合标准的菜品。

任务分析

此菜具有“口感顺滑、口味咸香、奶香味浓郁”的特点，它是西餐中的传统美食之一，在西方国家流传了几百年的时间。传统土豆泥的制作方法简单，但历史源远流长。为高质量地完成本任务，各学员不仅要按照“任务描述”中的要求做好准备，还应认真分析以下几个核心问题：

1. 选料时选用什么土豆为佳？
2. 土豆泥的最佳食用温度在什么范围？

<table>
<tr><td rowspan="5">任务实施</td><td rowspan="2">主料辅料调料识别与准备</td><td>主料：黄心土豆 2 个约 350 g（见图 1-4-2）。
辅料：热淡奶油 40 g，热牛奶 15 g（见图 1-4-3）。
调料：黄油 20 g，精盐 2 g，白胡椒粉 0.5 g（见图 1-4-4）。</td></tr>
<tr><td>
图 1-4-2

图 1-4-3
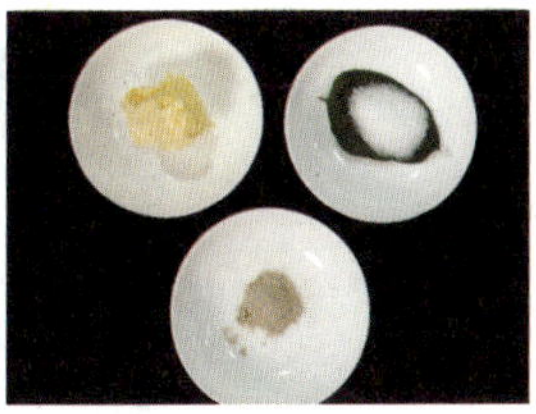
图 1-4-4</td></tr>
<tr><td>流程识读</td><td>初加工土豆→煮土豆→土豆制泥→调味→装盘。</td></tr>
<tr><td>要点解析</td><td>1. 土豆可以用文火煮或蒸至软烂。
2. 制熟后的土豆应趁热进行压制，防止凉透后土豆会变硬。
3. 为呈现细腻感，应用薯蓉压进行 3 次以上的反复压制。</td></tr>
<tr><td>依据步骤与图示制作</td><td>步骤 1：将土豆洗净、去皮、切块（见图 1-4-5），洗去表面的淀粉。
步骤 2：将土豆块放进冷水锅中，加入少许食盐煮制（见图 1-4-6），待土豆变软后捞出。
步骤 3：将煮熟的土豆放入薯蓉压中，反复压制 3 次（见图 1-4-7），至土豆泥非常细腻为佳。
步骤 4：放入黄油及热淡奶油（见图 1-4-8），用勺子反复压制均匀。
步骤 5：加入热牛奶使土豆泥稠度适宜（见图 1-4-9），达到柔软潮湿的状态，但应能够成形，不要软而黏。
步骤 6：加入盐和白胡椒粉调味，并快速搅打直至变得蓬松顺滑（见图 1-4-10），装入盘中，淋上调味酱汁即可。</td></tr>
</table>

任务实施

依据步骤与图示制作

图 1-4-5

图 1-4-6

图 1-4-7

图 1-4-8

图 1-4-9

图 1-4-10

拓展创新探究

煮土豆时加入 2 至 3 瓣去皮蒜一起煮，采用此法制作即“蒜香土豆泥”；在土豆泥中加入炒香的培根碎 20 g 和炒香的洋葱碎 10 g，采用此法制作即“培根土豆泥”。

综合评价

生产制作完成后，由你本人、你所在的小组其他成员和生产制作指导老师组成综合性评价小组，依据标准填写下列评价表。

评价主体	评价要素							合计 100%	比例	分值
	实施前		实施中			实施后				
	资料查找 10%	任务分析 20%	原料准备 10%	生产规范 20%	成品质量 15%	清洁卫生 15%	实训报告 10%			
自我评价									30%	
小组评价									30%	
老师评价									40%	
总　分									100%	

任务 5 糖衣胡萝卜
Sugar-coated Carrots

图 1-5-1　糖衣胡萝卜成品图

糖衣胡萝卜

任务目标

1. 知道糖衣胡萝卜所需的主辅调料，并能按标准选用。
2. 掌握糖衣胡萝卜的生产制作步骤、成品质量标准和安全操作注意事项。
3. 能按照任务实施说明做好各项准备，并独立完成生产制作。

任务描述

依据图 1-5-1“糖衣胡萝卜成品图”所示，认真研读并熟记糖衣胡萝卜标准菜谱中所列的用料、制作流程、要点解析、制作步骤、拓展创新等内容，观看本菜品制作过程图片与操作视频，并完成任务分析中的核心问题。

在实训指导老师的指导下，用精益求精、追求卓越的工匠精神，独立生产制作 1 份符合标准的菜品。

任务分析

此菜具有“色泽艳红光亮、口感软糯、口味香甜”的特点。它是西餐中非常常见的一道胡萝卜料理。胡萝卜在 10 世纪时经伊朗传入欧洲大陆，逐渐发展成为其主要的食用蔬菜之一。为高质量地完成本任务，各学员不仅要按照“任务描述”中的要求做好准备，还应认真分析以下几个核心问题：

1. 胡萝卜加工成什么形状最佳？
2. 煮制过程中，如何防止焦糖化反应？

<table>
<tr><td rowspan="5">任务实施</td><td rowspan="2">主料辅料调料识别与准备</td><td>主料：胡萝卜 2 条约 400 g（见图 1-5-2）。
辅料：洋葱 25 g，番芫荽 3 g，鸡基础汤 150 mL（见图 1-5-3）。
调料：黄油 20 g，橄榄油 5 mL，棕糖 15 g，白兰地酒 5 mL，精盐 1 g，白胡椒粉 0.5 g（见图 1-5-4）。</td></tr>
<tr><td>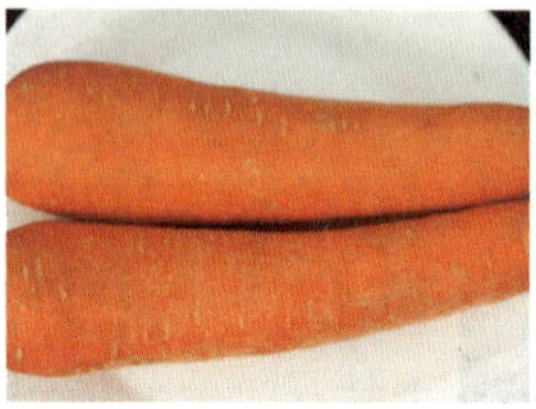
图 1-5-2

图 1-5-3

图 1-5-4</td></tr>
<tr><td>流程识读</td><td>加工橄榄形→刀工→熬酱汁→煮制（调味）→装盘。</td></tr>
<tr><td>要点解析</td><td>1. 胡萝应选用橘黄色的为佳。
2. 煮制胡萝卜时不宜煮得太久，火力不宜太大，避免胡萝卜过软。
3. 当汤汁快蒸发干时，应不断翻动，防止出现焦糖化反应。</td></tr>
<tr><td>依据步骤与图示制作</td><td>步骤 1：将胡萝卜切成长约 6 cm 的段，然后一分为四，将其削成橄榄球形（见图 1-5-5）。
步骤 2：将洋葱切细丝，番芫荽切碎（见图 1-5-6）。
步骤 3：在一个小号酱汁锅中加入橄榄油、黄油，待黄油融化后加入洋葱丝，小火炒软（见图 1-5-7），然后倒入白兰地酒煮至近干。
步骤 4：加入鸡基础汤及橄榄球形胡萝卜（见图 1-5-8），用盐和白胡椒粉调味，小火煮约 8 分钟。
步骤 5：把火调大，加入红糖，不断翻动 3 至 4 分钟，直到胡萝卜微微变黄（见图 1-5-9），变得光滑后撒上番芫荽碎（见图 1-5-10），即可盛出摆入盘中，简单装饰即可。</td></tr>
</table>

任务实施

依据步骤与图示制作

图 1-5-5

图 1-5-6

图 1-5-7

图 1-5-8

图 1-5-9

图 1-5-10

拓展创新探究

胡萝卜可以加工成英式橄榄球形、波多古堡式橄榄球形及月牙形等。在调味过程中可以将棕糖换成砂糖、蜂蜜或桂花糖浆等，以丰富成菜后的风味。

综合评价

生产制作完成后，由你本人、你所在的小组其他成员和生产制作指导老师组成综合性评价小组，依据标准填写下列评价表。

评价主体	评价要素							合计 100%	比例	分值
	实施前		实施中			实施后				
	资料查找 10%	任务分析 20%	原料准备 10%	生产规范 20%	成品质量 15%	清洁卫生 15%	实训报告 10%			
自我评价									30%	
小组评价									30%	
老师评价									40%	
总分									100%	

任务 6 洋葱圈
Onion Rings

图 1-6-1　洋葱圈成品图

洋葱圈

任务目标

1. 知道洋葱圈所需的主辅调料，并能按标准选用。

2. 掌握洋葱圈的生产制作步骤、成品质量标准和安全操作注意事项。

3. 能按照任务实施说明做好各项准备，并独立完成生产制作。

任务描述

依据图 1-6-1“洋葱圈成品图”所示，认真研读并熟记洋葱圈标准菜谱中所列的用料、制作流程、要点解析、制作步骤、拓展创新等内容，观看本菜品制作过程图片与操作视频，并完成任务分析中的核心问题。

在实训指导老师的指导下，用精益求精、追求卓越的工匠精神，独立生产制作 1 份符合标准的菜品。

任务分析

此菜具有“口感酥脆、口味香甜、色泽金黄”的特点。洋葱圈也称为法式炸洋葱圈，是英美菜肴中的一道常见开胃菜或配菜，通常为一个横截面的洋葱圈，蘸上面糊或面包屑，然后油炸而成。为高质量地完成本任务，各学员不仅要按照“任务描述”中的要求做好准备，还应认真分析以下几个核心问题：

1. 宜选用什么样的洋葱为佳？

2. 炸制前洋葱需要经过哪些环节的处理？

3. 洋葱圈可以搭配哪些酱汁食用？

<table>
<tr><td rowspan="4">任务实施</td><td>主料辅料调料识别与准备</td><td>主料：白洋葱 1/2 个约 200 g（见图 1-6-2）。
辅料：牛奶 100 mL，低筋面粉 180 g，小苏打 2 g，鸡蛋 1 个（见图 1-6-3）。
调料：辣椒粉 6 g，精盐 2 g，白胡椒粉 0.5 g（见图 1-6-4）。
 图 1-6-2 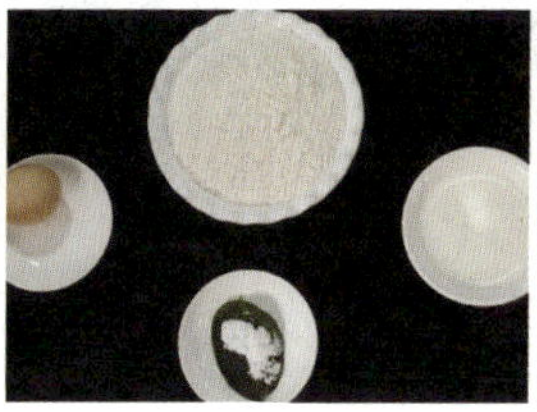 图 1-6-3  图 1-6-4</td></tr>
<tr><td>流程识读</td><td>混合鸡蛋牛奶→调糊→切成圈→挂糊→炸制→装盘。</td></tr>
<tr><td>要点解析</td><td>1. 优先选用白洋葱，含水量大，口感较脆，辛味较明显。
2. 切洋葱圈的时候不要切得太细，避免口感变差。
3. 在炸洋葱圈的时候一定要控制好时间和火力，防止炸焦。</td></tr>
<tr><td>依据步骤与图示制作</td><td>步骤 1：将鸡蛋敲开然后混入牛奶，搅打均匀（见图 1-6-5）。
步骤 2：将 120 g 低筋面粉与小苏打、精盐、辣椒粉、白胡椒粉混合均匀，然后倒入牛奶鸡蛋混合液，搅拌成浓稠的糊状物（见图 1-6-6）。
步骤 3：将洋葱剥皮后切成 0.5 cm 的圈，若不立即使用需放入冷水中以保持其脆度（见图 1-6-7）。
步骤 4：将洋葱圈捞出，控干表面的水分（见图 1-6-8）。
步骤 5：将洋葱圈撒上低筋面粉，并抖掉多余的粉（见图 1-6-9），然后放入面糊中均匀地裹上一层糊，放入 175℃的油锅中炸（见图 1-6-10），直到变黄，取出放在吸油纸上，装入盛菜碟中即成。</td></tr>
</table>

任务实施

依据步骤与图示制作

图 1-6-5

图 1-6-6

图 1-6-7

图 1-6-8

图 1-6-9

图 1-6-10

拓展创新探究

可以用啤酒代替牛奶，不加小苏打，即得“啤酒面拖”；用奶油牛奶来代替牛奶，小苏打减半，即得“奶油牛奶糊”；也可以在裹上糊后再沾面包糠、坚果碎等丰富其口味。

综合评价

生产制作完成后，由你本人、你所在的小组其他成员和生产制作指导老师组成综合性评价小组，依据标准填写下列评价表。

评价主体	评价要素							合计100%	比例	分值
	实施前		实施中			实施后				
	资料查找 10%	任务分析 20%	原料准备 10%	生产规范 20%	成品质量 15%	清洁卫生 15%	实训报告 10%			
自我评价									30%	
小组评价									30%	
老师评价									40%	
总　分									100%	

任务 7　咖喱米饭

Curry Rice

图 1-7-1　咖喱米饭成品图

咖喱米饭

任务目标

1. 知道咖喱米饭所需的主辅调料，并能按标准选用。

2. 掌握咖喱米饭的生产制作步骤、成品质量标准和安全操作注意事项。

3. 能按照任务实施说明做好各项准备，并独立完成生产制作。

任务描述

依据图 1-7-1 所示“咖喱米饭成品图”，认真研读并熟记咖喱米饭标准菜谱中所列的用料、制作流程、要点解析、制作步骤、拓展创新等内容，观看本菜品制作过程图片与操作视频，并完成任务分析中的核心问题。

在实训指导老师的指导下，用精益求精、追求卓越的工匠精神，独立生产制作 1 份符合标准的菜品。

任务分析

此菜具有“色泽金黄、咖喱味浓郁”的特点。咖喱是由多种香料制成的调味品，据说咖喱源于印度，后来传入了欧洲各国。被运用于各类食品制作。为高质量地完成本任务，各学员不仅要按照“任务描述”中的要求做好准备，还应认真分析以下几个核心问题：

1. 咖喱调料应选用什么形态的为佳？

2. 运用咖喱的过程中应注意什么？

3. 大米跟水的比例在什么范围最佳？

<table>
<tr><td rowspan="4">任务实施</td><td>主料辅料调料识别与准备</td><td>主料：香米 150 g（见图 1-7-2）。
辅料：西红柿 1 个，葡萄干 30 g，胡萝卜 1 段约 70 g，热鸡基础汤 150 mL，香菜 15 g（见图 1-7-3）。
调料：黄油 30 g，咖喱粉 7 g，精盐 2 g，胡椒粉 1 g（见图 1-7-4）。

图 1-7-2

图 1-7-3

图 1-7-4</td></tr>
<tr><td>流程识读</td><td>刀工处理→淘洗米→装入焖碗→焗制→加入葡萄干、胡萝卜丁继续焗→加入其他配菜拌匀→装盘。</td></tr>
<tr><td>要点解析</td><td>1. 需要将西红柿的内瓤去除，以提高其形态的美观度。
2. 葡萄干应在米饭 9 分熟的时候加入，以防止其过度软烂后产生酸味。
3. 焖制时间与烤箱的温度需要恰当控制，避免米饭烧焦。</td></tr>
<tr><td>依据步骤与图示制作</td><td>步骤 1：将西红柿洗净，去掉内瓤后切成 0.5 cm 见方的小丁（见图 1-7-5）。
步骤 2：将香菜洗净后切成末，胡萝卜切小丁（见图 1-7-6）。
步骤 3：将香米淘洗干净后放入焖碗中，加热鸡基础汤、咖喱粉、盐、胡椒粉及少量黄油（见图 1-7-7），用锡箔纸将口密封，然后放入 180℃ 的烤箱内焖制（见图 1-7-8）。
步骤 4：烘烤约 30 分钟后取出打散，加入葡萄干、西红柿丁、胡萝卜丁（见图 1-7-9），继续焖制，直到米饭全熟时取出。
步骤 5：将西红柿丁、黄油、香菜末加入蒸熟的米饭中拌匀（见图 1-7-10），装入盛菜碟中稍点缀即可。</td></tr>
</table>

任务实施

依据步骤与图示制作

图 1-7-5

图 1-7-6

图 1-7-7

图 1-7-8

图 1-7-9

图 1-7-10

拓展创新探究

如食谱中所做，加入土豆、鸡胸肉丁，即成“鸡肉咖喱米饭”；在烹制好的成品中加入菠萝丁、西红柿丁拌匀蒸制，即成“水果咖喱米饭”。

综合评价

生产制作完成后，由你本人、你所在的小组其他成员和生产制作指导老师组成综合性评价小组，依据标准填写下列评价表。

<table>
<tr><td rowspan="3">评价主体</td><td colspan="7">评价要素</td><td rowspan="3">合计
100%</td><td rowspan="3">比例</td><td rowspan="3">分值</td></tr>
<tr><td colspan="2">实施前</td><td colspan="3">实施中</td><td colspan="2">实施后</td></tr>
<tr><td>资料查找
10%</td><td>任务分析
20%</td><td>原料准备
10%</td><td>生产规范
20%</td><td>成品质量
15%</td><td>清洁卫生
15%</td><td>实训报告
10%</td></tr>
<tr><td>自我评价</td><td></td><td></td><td></td><td></td><td></td><td></td><td></td><td></td><td>30%</td><td></td></tr>
<tr><td>小组评价</td><td></td><td></td><td></td><td></td><td></td><td></td><td></td><td></td><td>30%</td><td></td></tr>
<tr><td>老师评价</td><td></td><td></td><td></td><td></td><td></td><td></td><td></td><td></td><td>40%</td><td></td></tr>
<tr><td colspan="9">总　分</td><td>100%</td><td></td></tr>
</table>

任务 8 黄油米饭
Buttered Rice

图 1-8-1　黄油米饭成品图

黄油米饭

任务目标

1. 知道黄油米饭所需的主辅调料，并能按标准选用。
2. 掌握黄油米饭的生产制作步骤、成品质量标准和安全操作注意事项。
3. 能按照任务实施说明做好各项准备，并独立完成生产制作。

任务描述

依据图 1-8-1 所示“黄油米饭成品图”，认真研读并熟记黄油米饭标准菜谱中所列的用料、制作流程、要点解析、制作步骤、拓展创新等内容，观看本菜品制作过程图片与操作视频，并完成任务分析中的核心问题。

在实训指导老师的指导下，用精益求精、追求卓越的工匠精神，独立生产制作 1 份符合标准的菜品。

任务分析

此菜具有“色泽淡黄、口感软糯、奶香味浓郁”的特点。在欧洲有一句俗语“人们不能既得到黄油，又得到买黄油的钱”，寓意“鱼与熊掌不可兼得”，表明黄油在欧洲饮食文化的地位之重。为高质量地完成本任务，各学员不仅要按照“任务描述”中的要求做好准备，还应认真分析以下几个核心问题：

1. 黄油的香味来自于什么成分？
2. 优质香米具有的质量标准是什么？
3. 如何保持成品软糯的口感？

<table>
<tr><td rowspan="6">任务实施</td><td rowspan="2">主料辅料调料识别与准备</td><td>主料：香米 100 g（见图 1-8-2）。
辅料：西红柿半个约 50 g，黑橄榄 10 g，香菜 15 g（见图 1-8-3）。
调料：黄油 15 g，精盐 2 g，白胡椒粉 0.5 g（见图 1-8-4）。</td></tr>
<tr><td>
图 1-8-2

图 1-8-3

图 1-8-4</td></tr>
<tr><td>流程识读</td><td>刀工处理→清洗香米→焗制→打散放凉→炒制→装碗焗制。</td></tr>
<tr><td>要点解析</td><td>1. 刀工处理时需要将西红柿的内瓤去除。
2. 蒸制米饭的过程中应加入少量的盐，以增加其底味和香度。
3. 装碗后烘烤需要注意烤制时间，防止米饭烤干硬。</td></tr>
<tr><td>依据步骤与图示制作</td><td>步骤 1：将香菜切末，西红柿去瓤后和黑橄榄分别切成 0.5 cm 见方的小丁（见图 1-8-5）。
步骤 2：将香米清洗后放入盛器中，加入热水，水与米的比例为 1.2 ∶ 1，放少许盐后用锡箔纸封口，放入烤箱中焗（见图 1-8-6），30 分钟左右至熟。
步骤 3：将焗熟的米饭打散后盛入盛器中放凉（见图 1-8-7）。
步骤 4：平底锅中放入黄油，待其融化后，加入米饭、胡椒粉、番茄丁、黑橄榄丁翻炒均匀（见图 1-8-8）。
步骤 5：在小碗中刷一层黄油（见图 1-8-9），再盛入米饭，用勺子压实，放入 170℃的烤箱内烘烤（见图 1-8-10），约 3 分钟后取出，扣入盛菜碟中，撒上香菜末即可。</td></tr>
</table>

任务实施

依据步骤与图示制作

图 1-8-5

图 1-8-6

图 1-8-7

图 1-8-8

图 1-8-9

图 1-8-10

拓展创新探究

如食谱中所做，烹饪时可以在炉灶上直接加热制熟。例如，将所有原料放入热锅中煮沸搅拌，盖上盖子在小火低温下烹制，大约 20 分钟即可成熟。

综合评价

生产制作完成后，由你本人、你所在的小组其他成员和生产制作指导老师组成综合性评价小组，依据标准填写下列评价表。

<table>
<tr><th rowspan="3">评价主体</th><th colspan="7">评价要素</th><th rowspan="3">合计
100%</th><th rowspan="3">比例</th><th rowspan="3">分值</th></tr>
<tr><th colspan="2">实施前</th><th colspan="3">实施中</th><th colspan="2">实施后</th></tr>
<tr><th>资料查找
10%</th><th>任务分析
20%</th><th>原料准备
10%</th><th>生产规范
20%</th><th>成品质量
15%</th><th>清洁卫生
15%</th><th>实训报告
10%</th></tr>
<tr><td>自我评价</td><td></td><td></td><td></td><td></td><td></td><td></td><td></td><td></td><td>30%</td><td></td></tr>
<tr><td>小组评价</td><td></td><td></td><td></td><td></td><td></td><td></td><td></td><td></td><td>30%</td><td></td></tr>
<tr><td>老师评价</td><td></td><td></td><td></td><td></td><td></td><td></td><td></td><td></td><td>40%</td><td></td></tr>
<tr><td colspan="9">总　分</td><td>100%</td><td></td></tr>
</table>

模块小结

本模块包含制作西餐常见配菜中的煮番芫荽土豆、法式奶油烤土豆、瑞士土豆饼、土豆泥、糖衣胡萝卜、洋葱圈、咖喱米饭、黄油米饭等实训任务。

配菜是西餐菜肴烹调中不可缺少的重要组成部分。西餐菜肴一般在主要部分烹制完成后，还要在盘子边上或另一个盘子内配上一定比例加工成熟的蔬菜或米饭、面食等，从而构成一道完整的菜肴。这种与主菜相搭配的菜品就叫配菜。

配菜常有三个方面的作用：第一，使菜肴更加美观。配菜大多是用不同颜色的蔬菜制作，不但加工精细，而且还要加工成一定的形状，如条状、球状、块状或橄榄状等，从而增加菜肴的色彩、美化菜肴的整体形态。第二，使菜肴营养搭配合理。西餐菜肴的主要部分大都是由动物性原料加工制作而成的，而配菜一般是由植物性原料加工制作的，这样就使每份菜肴既有丰富的蛋白质、脂肪，又含有丰富的维生素、无机盐等，从而使菜肴的营养搭配更为合理。第三，使菜肴富有风味特点。配菜品种很多，什么菜肴用什么配菜，虽然有很大的随意性，但也有一定的规律可循。一般水产类多配煮土豆或土豆泥，烤、铁扒的肉类菜肴多配炸土豆、烤土豆等，煎炸菜肴多配应时蔬菜，汤汁较多的菜肴配米饭，意式菜多配面条，德式菜多配酸菜，从而使菜肴既能在风格上统一，又富于风味特点。

练习题

扫描下方二维码进行线上答题。

练习题

模块二

西餐开胃菜制作

学习目标

素质目标

1. 逐步养成良好的劳动精神，做新时代奋斗者。
2. 树立“真抓实干”“脚踏实地”的职业奉献精神。
3. 具有“闻鸡起舞”的学习精神。
4. 具备勤学苦练、吃苦耐劳的精神和一丝不苟的学习态度。
5. 具有“厉行节俭、反对餐饮浪费”的中华优秀传统文化素养。

知识目标

1. 了解西餐开胃菜的风味特点与用料。
2. 了解西餐开胃菜的作用、分类情况。
3. 熟悉常见代表性西餐开胃菜的主料、辅料、调料识别技巧。
4. 掌握常见代表性西餐开胃菜的工艺流程及要点解析。
5. 掌握常见代表性西餐开胃菜的“举一反三”创新的思路。

能力目标

1. 能对小组成员的实训角色进行恰当的分工，并能做好组织、统筹、监督、检查的工作。
2. 能较好运用初加工岗位涉及的洗涤技术、分档取料、切配技术等，依据典型任务实施相关要求做好常见代表性西餐开胃菜的准备工作。
3. 能够制作常见代表性西餐开胃菜，且工艺流程、制作步骤、成菜质量等符合相关标准。
4. 通过对常见代表性西餐开胃菜知识的学习与各代表性菜肴的实训操作，结合当前西餐行业的发展方向及市场需求，能进行创新、开发适合目标客户群体需求的西餐开胃菜。

任务 1　凯撒沙拉

Caesar Salad

图 2-1-1　凯撒沙拉成品图

凯撒沙拉

任务目标

1. 知道凯撒沙拉所需的主辅调料，并能按标准选用。
2. 掌握凯撒沙拉的生产制作步骤、成品质量标准和安全操作注意事项。
3. 能按照任务实施说明做好各项准备，并独立完成生产制作。

任务描述

依据图 2-1-1“凯撒沙拉成品图”所示，认真研读并熟记凯撒沙拉标准菜谱中所列的用料、制作流程、要点解析、制作步骤、拓展创新等内容，观看本菜品制作过程图片与操作视频，并完成任务分析中的核心问题。

在实训指导老师的指导下，用精益求精、追求卓越的工匠精神，独立生产制作 1 份符合标准的菜品。

任务分析

此菜具有“色泽碧绿、口味酸甜、口感爽脆”的特点。此菜是一道常见于桌边服务的传统沙拉，据传是一个名叫“凯撒·卡蒂尼”的人在墨西哥蒂华纳的凯撒餐厅中研发出来的。为高质量地完成本任务，各学员不仅要按照“任务描述”中的要求做好准备，还应认真分析以下几个核心问题：

1. 罗马生菜具有什么样的质量特点？
2. 制作沙拉类菜肴需要注意哪些食品安全？

<table>
<tr><td rowspan="6">任务实施</td><td rowspan="2">主料辅料调料识别与准备</td><td>主料：罗马生菜约 120 g（见图 2-1-2）。
辅料：面包丁 20 g，圣女果 25 g，鸡蛋黄 1 个，橄榄油 110 mL，鳀鱼柳 10 g（见图 2-1-3）。
调料：蒜头 1 瓣，法式芥末 10 g，新鲜柠檬汁 15 mL，精盐 1 g，糖粉 5 g，巴马干酪碎 10 g（见图 2-1-4）。</td></tr>
<tr><td>
图 2-1-2

图 2-1-3
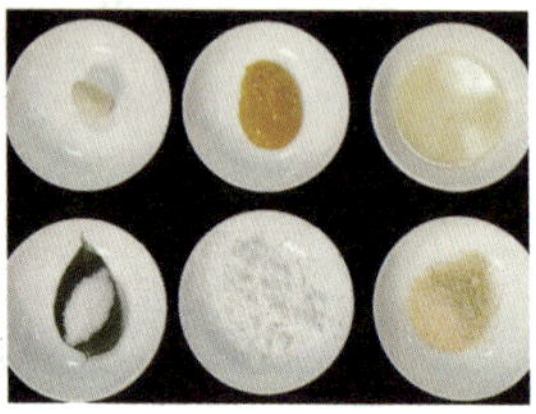
图 2-1-4</td></tr>
<tr><td>流程识读</td><td>刀工处理→煎制面包丁→调制凯撒汁→生菜撕块→淋酱汁→搭配辅料成菜。</td></tr>
<tr><td>要点解析</td><td>1. 操作过程需要按照冷菜制作卫生标准做好保护措施。
2. 调制凯撒汁时需要严格按照比例添加各类调辅料。</td></tr>
<tr><td>依据步骤与图示制作</td><td>步骤 1：将圣女果切成厚片，蒜头剁蓉，鳀鱼柳剁碎（见图 2-1-5）。
步骤 2：在平底锅中倒入一薄层橄榄油，并加热至适当的温度，倒入面包丁煎至金黄色（见图 2-1-6），然后取出放在厨房纸上吸去多余油脂。
步骤 3：碗中加入蛋黄，然后逐步加入橄榄油，一边加一边搅打，直到黏稠（见图 2-1-7），加入柠檬汁、精盐、糖粉、法式芥末、鳀鱼柳碎和蒜蓉搅拌均匀（见图 2-1-8）。
步骤 4：将罗马生菜撕成方便食用的块（见图 2-1-9），并放入盛器中，将沙拉汁倒在菜叶上，并撒上巴马干酪碎、面包丁、圣女果片（见图 2-1-10）。上菜后，由食客自行拌制。</td></tr>
</table>

任务实施

依据步骤与图示制作

图 2-1-5

图 2-1-6

图 2-1-7

图 2-1-8

图 2-1-9

图 2-1-10

拓展创新探究

可以在上菜前一刻，把沙拉汁倒在菜叶上并撒上巴马干酪碎拌匀，直到每片菜叶都沾有沙拉汁，再加入油炸面包丁及圣女果片；也可将沙拉汁单独盛装上桌，由客人根据口味自行添加。

综合评价

生产制作完成后，由你本人、你所在的小组其他成员和生产制作指导老师组成综合性评价小组，依据标准填写下列评价表。

评价主体	评价要素							合计100%	比例	分值
	实施前		实施中			实施后				
	资料查找10%	任务分析20%	原料准备10%	生产规范20%	成品质量15%	清洁卫生15%	实训报告10%			
自我评价									30%	
小组评价									30%	
老师评价									40%	
总　分									100%	

任务 2 厨师沙拉
Chef Salad

图 2-2-1　厨师沙拉成品图

厨师沙拉

任务目标

1. 知道厨师沙拉所需的主辅调料，并能按标准选用。
2. 掌握厨师沙拉的生产制作步骤、成品质量标准和安全操作注意事项。
3. 能按照任务实施说明做好各项准备，并独立完成生产制作。

任务描述

依据图 2-2-1“厨师沙拉成品图”所示，认真研读并熟记厨师沙拉标准菜谱中所列的用料、制作流程、要点解析、制作步骤、拓展创新等内容，观看本菜品制作过程图片与操作视频，并完成任务分析中的核心问题。

在实训指导老师的指导下，用精益求精、追求卓越的工匠精神，独立生产制作 1 份符合标准的菜品。

任务分析

此菜具有“颜色艳丽、形态自然、口感丰富、口味咸酸适宜”的特点，也被称为主厨沙拉，是很多西餐厅的招牌特色菜品。它和其他沙拉最大的区别就是无固定的配方，常由厨师依经验自行搭配。为高质量地完成本任务，各学员不仅要按照“任务描述”中的要求做好准备，还应认真分析以下几个核心问题：

1. 煮鸡蛋时如何防止鸡蛋开裂？
2. 切制烟熏牛肉时需要注意什么？
3. 煎制吐司丁时，如何防止吐司丁焦糊？

<table>
<tr><td rowspan="5">任务实施</td><td rowspan="2">主料辅料调料识别与准备</td><td>主料：混合沙拉蔬菜 120 g（见图 2-2-2）。
辅料：烟熏牛肉 40 g，鸡胸肉 50 g，鸡蛋 1 个，番茄 1/4 个约 20 g，大孔芝士 20 g，烤吐司丁 10 g（见图 2-2-3）。
调料：千岛汁 60 g，精盐 0.5 g，白兰地 3 mL，黑胡椒碎 2 g（见图 2-2-4）。</td></tr>
<tr><td>
图 2-2-2

图 2-2-3

图 2-2-4</td></tr>
<tr><td>流程识读</td><td>煮鸡蛋→煎鸡胸肉→辅料切制→蔬菜撕块→装盘→淋汁。</td></tr>
<tr><td>要点解析</td><td>1. 熟牛肉和熟鸡胸肉要逆纤维切制。
2. 番茄应用沸水进行初步加热后剥去外皮再切丁效果更佳。
3. 煮鸡蛋要冷水下锅，逐步加热至刚熟，待完全冷却后再剥去外壳。</td></tr>
<tr><td>依据步骤与图示制作</td><td>步骤 1：将鸡蛋放进锅中煮熟后捞出，放凉后剥壳切月牙块（见图 2-2-5）。
步骤 2：鸡胸肉用精盐、白兰地、黑胡椒碎腌制后放入平底锅中煎（见图 2-2-6），熟透后取出，切成条状。
步骤 3：将烟熏牛肉切成片，大孔芝士切薄片，番茄切丁（见图 2-2-7），吐司放进锅中煎至金黄。
步骤 4：将混合沙拉蔬菜撕成便于食用的大小，放进盛器中（见图 2-2-8）。
步骤 5：将鸡蛋块、番茄丁、牛肉片、鸡胸肉条、大孔芝士片摆在上面，然后撒上吐司丁（见图 2-2-9）。
步骤 6：淋上千岛汁（见图 2-2-10），即可上菜。</td></tr>
</table>

任务实施

依据步骤与图示制作

图 2-2-5

图 2-2-6

图 2-2-7

图 2-2-8

图 2-2-9

图 2-2-10

拓展创新探究

厨师沙拉的酱汁除常用的千岛汁外，也可以选用蜂蜜柠檬沙拉汁、酸奶油水果沙拉汁、大蒜蛋黄沙司、蓝奶酪沙拉汁等；上菜时可以单独用沙拉盅将酱汁盛装，放在沙拉盘旁即可。

综合评价

生产制作完成后，由你本人、你所在的小组其他成员和生产制作指导老师组成综合性评价小组，依据标准填写下列评价表。

评价主体	评价要素							合计100%	比例	分值
	实施前		实施中			实施后				
	资料查找10%	任务分析20%	原料准备10%	生产规范20%	成品质量15%	清洁卫生15%	实训报告10%			
自我评价									30%	
小组评价									30%	
老师评价									40%	
总　分									100%	

任务3 华尔道夫沙拉

Waldorf Salad

图 2-3-1 华尔道夫沙拉成品图

华尔道夫沙拉

任务目标

1. 知道华尔道夫沙拉所需的主辅调料，并能按标准选用。
2. 掌握华尔道夫沙拉的生产制作步骤、成品质量标准和安全操作注意事项。
3. 能按照任务实施说明做好各项准备，并独立完成生产制作。

任务描述

依据图 2-3-1“华尔道夫沙拉成品图”所示，认真研读并熟记华尔道夫沙拉标准菜谱中所列的用料、制作流程、要点解析、制作步骤、拓展创新等内容，观看本菜品制作过程图片与操作视频，并完成任务分析中的核心问题。

在实训指导老师的指导下，用精益求精、追求卓越的工匠精神，独立生产制作 1 份符合标准的菜品。

任务分析

此菜具有“口感爽脆、酸甜可口、营养丰富”的特点，它是一款经典的美式沙拉，相传在 1893 年起源于纽约第五大道上的华尔道夫酒店，所以也被称为纽约第一的百年经典沙拉。为高质量地完成本任务，各学员不仅要按照“任务描述”中的要求做好准备，还应认真分析以下几个核心问题：

1. 如何防止苹果切开后出现褐变反应？
2. 拌制时如何防止蛋黄酱“泄水”变稀？

<table>
<tr><td rowspan="5">任务实施</td><td rowspan="2">主料辅料调料识别与准备</td><td>主料：脆红苹果 1 个约 200 g（见图 2-3-2）。
辅料：罗马生菜 70 g，西芹 60 g，核桃仁 20 g，圣女果 2 粒约 20 g（见图 2-3-3）。
调料：柠檬汁 5 mL，蛋黄酱 60 g（见图 2-3-4）。</td></tr>
<tr><td>
图 2-3-2

图 2-3-3

图 2-3-4</td></tr>
<tr><td>流程识读</td><td>切苹果→西芹切丁→烤核桃肉→拌制→装盘→点缀成菜。</td></tr>
<tr><td>要点解析</td><td>1. 为防止苹果切开发生褐变反应，切好后可放在纯净水中浸泡。
2. 刀工处理和原料搭配可以根据企业和季节的不同略有变化。</td></tr>
<tr><td>依据步骤与图示制作</td><td>步骤 1：将脆红苹果留皮、去核后切成 1.5 cm 见方的丁（见图 2-3-5），放进加有柠檬汁的清水中浸泡，以防变色。
步骤 2：将西芹削皮（见图 2-3-6），切成 1.5 cm 见方的丁。
步骤 3：将核桃仁烤至酥脆后取出，放在砧板上剁碎（见图 2-3-7）。
步骤 4：将圣女果切小片，罗马生菜撕成方便食用的大小，放进盛器中（见图 2-3-8）。
步骤 5：将苹果丁、西芹丁捞出，用厨房纸吸掉多余水分，然后放入沙拉盆用蛋黄酱拌匀（见图 2-3-9）。
步骤 6：罗马生菜放在盛菜碟中，再放苹果、西芹混合物，再放上圣女果片、核桃仁碎（见图 2-3-10），即可上菜。</td></tr>
</table>

任务实施

依据步骤与图示制作

图 2-3-5

图 2-3-6

图 2-3-7

图 2-3-8

图 2-3-9

图 2-3-10

拓展创新探究

华尔道夫沙拉的原料有固定的要求，沙拉原料一变动，那么做出来的沙拉就不能再叫作“华尔道夫沙拉”。不同的名字表示它包含不同的原料，比如菠萝华尔道夫沙拉或雪梨华尔道夫沙拉等。

综合评价

生产制作完成后，由你本人、你所在的小组其他成员和生产制作指导老师组成综合性评价小组，依据标准填写下列评价表。

评价主体	评价要素							合计100%	比例	分值
	实施前		实施中			实施后				
	资料查找10%	任务分析20%	原料准备10%	生产规范20%	成品质量15%	清洁卫生15%	实训报告10%			
自我评价									30%	
小组评价									30%	
老师评价									40%	
总　分									100%	

任务 4 夏威夷木瓜鲜虾沙拉

Hawaiian Papaya Fresh Shrimp Salad

图 2-4-1 夏威夷木瓜鲜虾沙拉成品图

夏威夷木瓜鲜虾沙拉

任务目标

1. 知道夏威夷木瓜鲜虾沙拉所需的主辅调料，并能按标准选用。

2. 掌握夏威夷木瓜鲜虾沙拉的生产制作步骤、成品质量标准和安全操作注意事项。

3. 能按照任务实施说明做好各项准备，并独立完成生产制作。

任务描述

依据图 2-4-1 “夏威夷木瓜鲜虾沙拉成品图” 所示，认真研读并熟记夏威夷木瓜鲜虾沙拉标准菜谱中所列的用料、制作流程、要点解析、制作步骤、拓展创新等内容，观看本菜品制作过程图片与操作视频，并完成任务分析中的核心问题。

在实训指导老师的指导下，用精益求精、追求卓越的工匠精神，独立生产制作 1 份符合标准的菜品。

任务分析

此菜具有 “咸甜适当、清新爽口、色香味形俱全” 的特点。本道沙拉荤素搭配合理，选材丰富多样，在食材色彩搭配上也相得益彰，是一道色香味形俱全的开胃沙拉。为高质量地完成本任务，各学员不仅要按照 “任务描述” 中的要求做好准备，还应认真分析以下几个核心问题：

1. 应选用什么样的木瓜为最佳？

2. 制作酱汁的关键是什么？

任务实施	主料辅料调料识别与准备	主料：对虾4只约120 g，夏威夷木瓜1块约80 g（见图2-4-2）。 辅料：洋葱15 g，西芹30 g，苦苣菜3 g，西兰花30 g（见图2-4-3）。 调料：橄榄油15 mL，红酒醋5 mL，鲜欧芹碎2 g，混合香料0.5 g，黑胡椒碎1 g，精盐1 g（见图2-4-4）。  图2-4-2  图2-4-3  图2-4-4
	流程识读	大虾焯水→大虾去壳切丁→蔬菜切丁→制作沙拉汁→拌制→点缀成菜。
	要点解析	1. 大虾应选肉质结实、鲜活的大虾为优。 2. 调制酱汁时原料配比应恰当，蔬菜类原料以刚熟为准。 3. 食用时才将酱汁与原料拌匀。
	依据步骤与图示制作	步骤1：将对虾放入冷水锅中焯水（见图2-4-5），熟透后捞出放凉。 步骤2：去掉对虾的壳，然后将虾仁切成大丁状（见图2-4-6）。 步骤3：把木瓜去皮后切成块，西兰花、洋葱、西芹切小块（见图2-4-7）。。 步骤4：将西兰花和西芹焯水（见图2-4-8），熟透后捞出放凉。 步骤5：将橄榄油、红酒醋、鲜欧芹碎，混合香料、黑胡椒碎及精盐搅拌（见图2-4-9），拌匀即成沙拉汁。 步骤6：将所有原料放在一起，加入沙拉汁拌匀（见图2-4-10），装盘后点缀苦苣生菜，即可上菜。

任务实施

依据步骤与图示制作

图 2-4-5

图 2-4-6

图 2-4-7

图 2-4-8

图 2-4-9

图 2-4-10

拓展创新探究

依据本食谱，可以将大虾换成鸡胸肉，把鸡胸肉腌制后再煎熟或烤熟放凉后切块，这样即成“威夷木瓜鸡肉沙拉”；也可将夏威夷木瓜换成芒果、菠萝等，这样即成“芒果或菠萝鲜虾沙拉”。

综合评价

生产制作完成后，由你本人、你所在的小组其他成员和生产制作指导老师组成综合性评价小组，依据标准填写下列评价表。

评价主体	评价要素							合计 100%	比例	分值
	实施前		实施中			实施后				
	资料查找 10%	任务分析 20%	原料准备 10%	生产规范 20%	成品质量 15%	清洁卫生 15%	实训报告 10%			
自我评价									30%	
小组评价									30%	
老师评价									40%	
总 分									100%	

任务 5　番茄奶酪沙拉
Tomato Cheese Salad

图 2-5-1　番茄奶酪沙拉成品图

番茄奶酪沙拉

任务目标

1. 知道番茄奶酪沙拉所需的主辅调料，并能按标准选用。

2. 掌握番茄奶酪沙拉的生产制作步骤、成品质量标准和安全操作注意事项。

3. 能按照任务实施说明做好各项准备，并独立完成生产制作。

任务描述

依据图 2-5-1“番茄奶酪沙拉成品图”所示，认真研读并熟记番茄奶酪沙拉标准菜谱中所列的用料、制作流程、要点解析、制作步骤、拓展创新等内容，观看本菜品制作过程图片与操作视频，并完成任务分析中的核心问题。

在实训指导老师的指导下，用精益求精、追求卓越的工匠精神，独立生产制作 1 份符合标准的菜品。

任务分析

此菜具有“奶香浓郁、酸咸可口”的特点，它是一款经典的意大利沙拉，鲜奶酪的香醇加上番茄的酸甜，搭配罗勒特有的风味，是意大利菜肴中点单率较高的一款开胃沙拉。为高质量地完成本任务，各学员不仅要按照“任务描述”中的要求做好准备，还应认真分析以下几个核心问题：

1. 优质番茄的品相是什么？

2. 制作此菜，应选用什么奶酪为佳？

3. 制作沙拉主要的卫生问题是什么？

<table>
<tr><td rowspan="5">任务实施</td><td rowspan="2">主料辅料调料识别与准备</td><td>主料：番茄 2 小个约 200 g（见图 2-5-2）。
辅料：马苏里拉奶酪 50 g，鲜罗勒叶 10 g，青橄榄、黑橄榄各 2 个（见图 2-5-3）。
调料：黑胡椒碎 2 g，精盐 2 g，杂香草 0.5 g，橄榄油 10 mL，青酱 5 g（见图 2-5-4）。</td></tr>
<tr><td>
图 2-5-2

图 2-5-3

图 2-5-4</td></tr>
<tr><td>流程识读</td><td>清洗→刀工处理→拌制番茄→摆放辅料→淋青酱→点缀成菜。</td></tr>
<tr><td>要点解析</td><td>1. 蔬菜原料清洗干净后需要控干水分后再加工。
2. 番茄主料改刀后需要稍拌匀装盘。</td></tr>
<tr><td>依据步骤与图示制作</td><td>步骤 1：将罗勒叶、番茄分别放入清水中清洗（见图 2-5-5），洗净后捞出滴干水分。
步骤 2：把番茄切成块，新鲜罗勒叶切碎，青橄榄、黑橄榄分别切成小圈（见图 2-5-6）。
步骤 3：番茄块用盐、杂香草、黑胡椒碎、橄榄油拌匀，放进盛菜碟中（见图 2-5-7）。
步骤 4：将马苏里拉奶酪切成小块，均匀地放在番茄上（见图 2-5-8）。
步骤 5：撒上青黑橄榄、黑胡椒碎、精盐，再淋上青酱（见图 2-5-9）。
步骤 6：最后撒上鲜罗勒叶碎（见图 2-5-10），即可上菜。</td></tr>
</table>

任务实施

依据步骤与图示制作

图 2-5-5

图 2-5-6

图 2-5-7

图 2-5-8

图 2-5-9

图 2-5-10

拓展创新探究

本食谱里的番茄可以根据不同需求进行调换，如换成红圣女果、黄圣女果等；也可以把马苏里拉奶酪换成蓝波芝士、必然干酪等。

综合评价

生产制作完成后，由你本人、你所在的小组其他成员和生产制作指导老师组成综合性评价小组，依据标准填写下列评价表。

评价主体	评价要素							合计 100%	比例	分值
	实施前		实施中			实施后				
	资料查找 10%	任务分析 20%	原料准备 10%	生产规范 20%	成品质量 15%	清洁卫生 15%	实训报告 10%			
自我评价									30%	
小组评价									30%	
老师评价									40%	
总　分									100%	

任务 6 三文鱼头盘配黑醋汁

Salmon Head Plate with Black Vinegar Sauce

图 2-6-1 三文鱼头盘配黑醋汁成品图

三文鱼头盘配黑醋汁

任务目标

1. 知道三文鱼头盘配黑醋汁所需的主辅调料，并能按标准选用。
2. 掌握三文鱼头盘配黑醋汁的生产制作步骤、成品质量标准和安全操作注意事项。
3. 能按照任务实施说明做好各项准备，并独立完成生产制作。

任务描述

依据图 2-6-1“三文鱼头盘配黑醋汁成品图”所示，认真研读并熟记三文鱼头盘配黑醋汁标准菜谱中所列的用料、制作流程、要点解析、制作步骤等内容，观看本菜品制作过程图片与操作视频，并完成任务分析中的核心问题。

在实训指导老师的指导下，用精益求精、追求卓越的工匠精神，独立生产制作 1 份符合标准的菜品。

任务分析

此菜具有“酸中带甜、开胃可口、口感软嫩”的特点，它是一道以三文鱼为主体的开胃菜，适用于高级餐厅，技术难度较高，是一道赛课融通的头盘。为高质量地完成本任务，各学员不仅要按照“任务描述”中的要求做好准备，还应认真分析以下几个核心问题：

1. 新鲜三文鱼应具备的品相是什么？
2. 调制黑醋汁需要注意什么？

<table>
<tr>
<td rowspan="5">任务实施</td>
<td rowspan="2">主料辅料调料识别与准备</td>
<td>主料：三文鱼 200 g（见图 2-6-2）。
辅料：苦菊 5 g，胡萝卜 30 g，西兰花 30 g，小番茄 2 个，樱桃萝卜 1 个，柠檬 1 个，洋葱 30 g（见图 2-6-3）。
调料：黄油 30 g，白酒醋 10 mL，意大利黑醋 30 mL，白葡萄酒 30 mL，明胶片 5 g，橄榄油 20 mL，精盐 1 g，胡椒粉 1 g，柠檬 1/4 个（见图 2-6-4）。</td>
</tr>
<tr>
<td>
图 2-6-2

图 2-6-3

图 2-6-4</td>
</tr>
<tr>
<td>流程识读</td>
<td>刀工处理→熬制酱汁→三文鱼丁装盘→煎制剩余三文鱼→装盘→点缀成菜。</td>
</tr>
<tr>
<td>要点解析</td>
<td>1. 胡萝卜片的厚度在 0.1 cm 比较理想，且应厚薄一致。
2. 煮制黑醋汁时应控制好火力，防止过度蒸发。
3. 煎制三文鱼时需采用中等火力，煎至上色刚熟即可。</td>
</tr>
<tr>
<td>依据步骤与图示制作</td>
<td>步骤 1：胡萝卜用刨刀刮成大片，西兰花、小番茄焯水（见图 2-6-5）。
步骤 2：将樱桃萝卜、洋葱分别切小粒（见图 2-6-6），然后焯水，熟透后捞出滤干水分。
步骤 3：将黄油化开，加入黑醋、白葡萄酒、明胶片、白酒醋煮制，待汁调黏稠状时盛出放凉（见图 2-6-7）。
步骤 4：取 120 g 三文鱼切小丁放入盛器中，加入樱桃萝卜粒、洋葱粒、橄榄油，挤入柠檬汁搅拌均匀，并在盘中装成圆柱形状（见图 2-6-8）。
步骤 5：剩下的三文鱼用精盐、胡椒粉、橄榄油腌制后放入锅中煎制（见图 2-6-9），熟透后摆入盘中。
步骤 6：最后摆上准备好的配菜装盘（见图 2-6-10），点缀苦苣即可上菜。</td>
</tr>
</table>

任务实施

依据步骤与图示制作

图 2-6-5

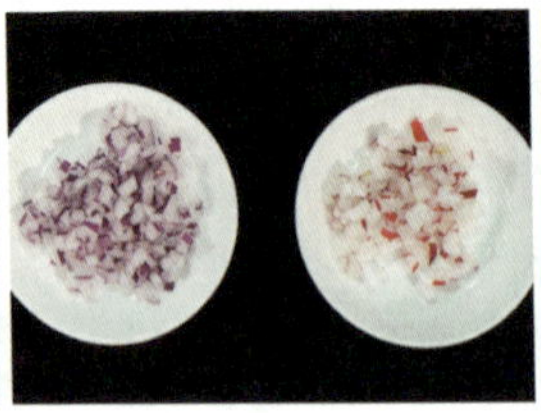

图 2-6-6

图 2-6-7

图 2-6-8

图 2-6-9

图 2-6-10

拓展创新探究

本道三文鱼头盘配黑醋汁采用了两种烹调技法和两种口味进行装盘出品，是一道开胃菜。依据本食谱，在创新中可以将黑醋汁换成柠檬黄油汁，三文鱼换成金枪鱼等。

综合评价

生产制作完成后，由你本人、你所在的小组其他成员和生产制作指导老师组成综合性评价小组，依据标准填写下列评价表。

评价主体	评价要素							合计 100%	比例	分值
	实施前		实施中			实施后				
	资料查找 10%	任务分析 20%	原料准备 10%	生产规范 20%	成品质量 15%	清洁卫生 15%	实训报告 10%			
自我评价									30%	
小组评价									30%	
老师评价									40%	
总　分									100%	

任务 7　三文鱼塔塔

Salmon Tartar

图 2-7-1　三文鱼塔塔成品图

三文鱼塔塔

任务目标

1. 知道三文鱼塔塔所需的主辅调料，并能按标准选用。

2. 掌握三文鱼塔塔的生产制作步骤、成品质量标准和安全操作注意事项。

3. 能按照任务实施说明做好各项准备，并独立完成生产制作。

任务描述

依据图 2-7-1 “三文鱼塔塔成品图” 所示，认真研读并熟记三文鱼塔塔标准菜谱中所列的用料、制作流程、要点解析、制作步骤、拓展创新等内容，观看本菜品制作过程图片与操作视频，并完成任务分析中的核心问题。

在实训指导老师的指导下，用精益求精、追求卓越的工匠精神，独立生产制作 1 份符合标准的菜品。

任务分析

此菜具有 “口感咸鲜软糯、形态美观、营养价值高” 的特点，它是一道海鲜开胃菜，主要以三文鱼和牛油果为主要原料，富含大量的蛋白质、维生素，除了营养价值丰富，能代餐还能减脂饱腹。为高质量地完成本任务，各学员不仅要按照 “任务描述” 中的要求做好准备，还应认真分析以下几个核心问题：

1. “塔塔” 菜肴的形态特征是什么？

2. 优质牛油果应具备的品相是什么？

3. 原料储藏过程中应注意什么？

<table>
<tr><td rowspan="5">任务实施</td><td rowspan="2">主料辅料调料识别与准备</td><td>主料：三文鱼 120 g（见图 2-7-2）。
辅料：牛油果 1 个，苦菊 5 g，樱桃萝卜 1 个，芒果肉 1 块约 25 g，柠檬 1/4 个，红葱头 30 g（见图 2-7-3）。
调料：橄榄油 20 mL，精盐 1 g，黑胡椒碎 1 g，法式芥末汁 15 g（见图 2-7-4）。</td></tr>
<tr><td>
图 2-7-2

图 2-7-3

图 2-7-4</td></tr>
<tr><td>流程识读</td><td>三文鱼切丁→配菜切制→拌制→塑形装盘→搭配配料→淋汁成菜。</td></tr>
<tr><td>要点解析</td><td>1. 牛油果应选用成熟略软且新鲜度高的原料。
2. 操作过程中应严控食品卫生，确保生熟分开，工具、用具分开。</td></tr>
<tr><td>依据步骤与图示制作</td><td>步骤 1：将三文鱼切成 0.6 cm 左右见方的丁（见图 2-7-5），放入盛器中。
步骤 2：将牛油果去皮、去核，然后切成 1 cm 见方的丁（见图 2-7-6）。
步骤 3：将红葱头切碎，芒果肉切丁，樱桃萝卜切片（见图 2-7-7）。
步骤 4：将准备好的三文鱼丁、牛油果丁和红葱头碎等原料混合均匀，加入盐、黑胡椒、橄榄油拌匀，挤上柠檬汁拌匀（见图 2-7-8）。
步骤 5：盛器中央放圆形模具，将混合均匀的食材原料放入模具中，并将原料压紧（见图 2-7-9），取出模具。
步骤 6：盘子边缘摆上苦菊、芒果丁、樱桃萝卜切片，淋上法式芥末汁（见图 2-7-10），即可上菜。</td></tr>
</table>

任务实施

依据步骤与图示制作

图 2-7-5

图 2-7-6

图 2-7-7

图 2-7-8

图 2-7-9

图 2-7-10

拓展创新探究

本道三文鱼塔塔是一道开胃菜，依据本食谱，牛油果可以换成其他水果进行搭配，根据消费需要，也可以把三文鱼换成金枪鱼，做成金枪鱼塔塔。

综合评价

生产制作完成后，由你本人、你所在的小组其他成员和生产制作指导老师组成综合性评价小组，依据标准填写下列评价表。

评价主体	评价要素							合计100%	比例	分值
	实施前		实施中			实施后				
	资料查找10%	任务分析20%	原料准备10%	生产规范20%	成品质量15%	清洁卫生15%	实训报告10%			
自我评价									30%	
小组评价									30%	
老师评价									40%	
总　分									100%	

任务 8 低温鸡肉卷
Cold Chicken Rolls

图 2-8-1　低温鸡肉卷成品图

低温鸡肉卷

任务目标

1. 知道低温鸡肉卷所需的主辅调料，并能按标准选用。
2. 掌握低温鸡肉卷的生产制作步骤、成品质量标准和安全操作注意事项。
3. 能按照任务实施说明做好各项准备，并独立完成生产制作。

任务描述

依据图 2-8-1“低温鸡肉卷成品图”所示，认真研读并熟记低温鸡肉卷标准菜谱中所列的用料、制作流程、要点解析、制作步骤、拓展创新等内容，观看本菜品制作过程图片与操作视频，并完成任务分析中的核心问题。

在实训指导老师的指导下，用精益求精、追求卓越的工匠精神，独立生产制作 1 份符合标准的菜品。

任务分析

此菜具有“色泽浅黄、形态圆筒形、切片后整齐不散、口味浓香微咸”的特点。低温烹饪是西餐中常用的料理方式，能较好地保留菜肴口味，同时更是最大限度地保留了食材的营养。为高质量地完成本任务，各学员不仅要按照“任务描述”中的要求做好准备，还应认真分析以下几个核心问题：

1. 鸡肉宜选用什么部位的肉为佳？
2. 卷制鸡肉卷的过程中需要注意什么？
3. 煮制过程中的水温应控制在什么范围为佳？

<table>
<tr><td rowspan="5">任务实施</td><td rowspan="2">主料辅料调料识别与准备</td><td>主料：鸡胸肉 200 g（见图 2-8-2）。
辅料：胡萝卜 50 g，洋葱 50 g，圣女果 2 粒，茭瓜 50 g，柠檬 1 个、西兰花 30 g，鸡蛋 1 个（见图 2-8-3）。
调料：黄油 50 g，精盐 1 g，黑胡椒碎 1 g，白兰地 15 mL，淡奶油 30 g，蜂蜜 10 g，布朗基础汤 30 mL，鲜百里香 1 g（见图 2-8-4）。</td></tr>
<tr><td>
图 2-8-2

图 2-8-3

图 2-8-4</td></tr>
<tr><td>流程识读</td><td>制茸→刀工处理→焯水→卷制→低温慢煮→成品切制→装盘成菜。</td></tr>
<tr><td>要点解析</td><td>1. 鸡肉需以鸡胸肉为主，搅打时应细腻。
2. 卷制时需要卷紧，防止松散，否则成熟后不便造型。
3. 切制时需要注意使用熟食专用用具，防止被污染。</td></tr>
<tr><td>依据步骤与图示制作</td><td>步骤 1：鸡肉洗净切小块后放入料理机，加入淡奶油、白兰地、蛋清、精盐、黑胡椒碎打成茸（见图 2-8-5）。
步骤 2：胡萝卜、洋葱切碎拌入鸡茸中，茭瓜刨片，西兰花切小朵，圣女果打花刀后一起焯水（见图 2-8-6）。
步骤 3：鸡蓉用保鲜膜卷好，放进 80℃的热水中煮 25 分钟（见图 2-8-7）。
步骤 4：布朗基础汤用盐、蜂蜜和百里香调味（见图 2-8-8），待浓稠后过滤。
步骤 5：将煮熟的鸡肉卷拆去保鲜膜，切成长短一致的柱状，刷上酱料，包上茭瓜片（见图 2-8-9）。
步骤 6：盘中配上酱汁，放上鸡肉卷，搭配上西兰花、圣女果及柠檬角（见图 2-8-10），即可上菜。</td></tr>
</table>

任务实施

依据步骤与图示制作

图 2-8-5

图 2-8-6

图 2-8-7

图 2-8-8

图 2-8-9

图 2-8-10

拓展创新探究

本道菜品采用了低温烹饪的手法，可以把鸡肉换成鱼肉或其他纤维较为细腻的肉类，采用同样的方法进行烹饪，即可得到主料不同却具有相同形态的菜肴。

综合评价

生产制作完成后，由你本人、你所在的小组其他成员和生产制作指导老师组成综合性评价小组，依据标准填写下列评价表。

评价主体	评价要素							合计 100%	比例	分值
	实施前		实施中			实施后				
	资料查找 10%	任务分析 20%	原料准备 10%	生产规范 20%	成品质量 15%	清洁卫生 15%	实训报告 10%			
自我评价									30%	
小组评价									30%	
老师评价									40%	
总分									100%	

任务9 海鲜头盘配荷兰汁

Seafood Starter with Dutch Sauce

图 2-9-1 海鲜头盘配荷兰汁成品图

海鲜头盘配荷兰汁

任务目标	1. 知道海鲜头盘配荷兰汁所需的主辅调料，并能按标准选用。 2. 掌握海鲜头盘配荷兰汁的生产制作步骤、成品质量标准和安全操作注意事项。 3. 能按照任务实施说明做好各项准备，并独立完成生产制作。
任务描述	依据图 2-9-1“海鲜头盘配荷兰汁成品图”所示，认真研读并熟记海鲜头盘配荷兰汁标准菜谱中所列用料、制作流程、要点解析、制作步骤、拓展创新等内容，观看本菜品制作过程图片与操作视频，并完成任务分析中的核心问题。 在实训指导老师的指导下，用精益求精、追求卓越的工匠精神，独立生产制作 1 份符合标准的菜品。
任务分析	此菜具有“口感细嫩丰富、口味鲜甜”的特点，是一道以海鲜为主料的头盘菜品，具有高蛋白、低脂肪的特点，适用于高级餐厅，技术难度较高。为高质量地完成本任务，各学员不仅要按照“任务描述”中的要求做好准备，还应认真分析以下几个核心问题： 1. 原料选用方面需要注意什么？ 2. 制作过程中需要注意哪些卫生问题？

<table>
<tr>
<td rowspan="5">任务实施</td>
<td rowspan="2">主料辅料调料识别与准备</td>
<td>主料：大虾 2 只，海鲈鱼柳 100 g，鱿鱼 100 g（见图 2-9-2）。
辅料：胡萝卜 50 g，洋葱 50 g，圣女果 20 g，茭瓜 50 g，柠檬 1/4 个，西兰花 30 g，鸡蛋 1 个（见图 2-9-3）。
调料：黄油 50 g，精盐 1 g，黑胡椒粉 1 g，白兰地 15 mL，糖 3 g，淡奶油 30 g（见图 2-9-4）。</td>
</tr>
<tr>
<td>
图 2-9-2

图 2-9-3
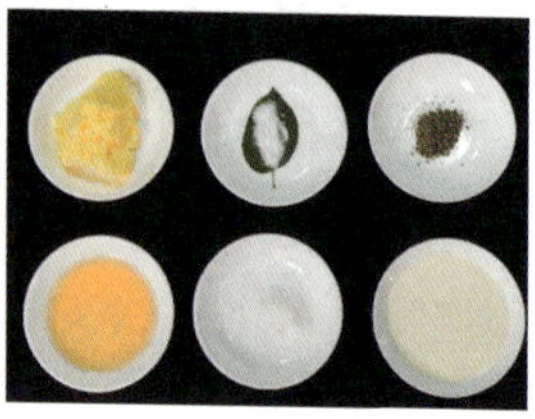
图 2-9-4</td>
</tr>
<tr>
<td>流程识读</td>
<td>制茸→拌馅→卷制→制作柠檬黄油汁→蔬菜刀工处理→煎制鲈鱼→装盘→淋汁成菜。</td>
</tr>
<tr>
<td>要点解析</td>
<td>1. 制馅时需恰当控制各类原料、调料的比例，避免馅料过稀不易塑形。
2. 低温慢煮菜需要恰当控制煮制温度，以 80℃为宜。</td>
</tr>
<tr>
<td>依据步骤与图示制作</td>
<td>步骤 1：将大虾、鱿鱼取肉，放入料理机，加入淡奶油、精盐、白兰地、黑胡椒粉、蛋清打成茸（见图 2-9-5）。
步骤 2：胡萝卜、洋葱分别切粒，加入肉茸拌匀后用保鲜膜卷成圆柱形（见图 2-9-6），放进 80℃的水中低温煮 20 分钟至熟。
步骤 3：黄油隔水加热后取澄清黄油，蛋黄加入澄清黄油在 60℃左右的温水中隔水加热并搅拌均匀，挤上柠檬汁搅拌均匀（见图 2-9-7）。
步骤 4：茭瓜刨片焯水、圣女果打花刀、西兰花切小朵后焯水（见图 2-9-8）。
步骤 5：海鲈鱼柳腌制后用黄油煎（见图 2-9-9），熟透后取出。
步骤 6：卷上茭瓜片，配上煎好的海鲈鱼块，搭配配菜，淋酱汁（见图 2-9-10），即可上菜。</td>
</tr>
</table>

任务实施

依据步骤与图示制作

图 2-9-5

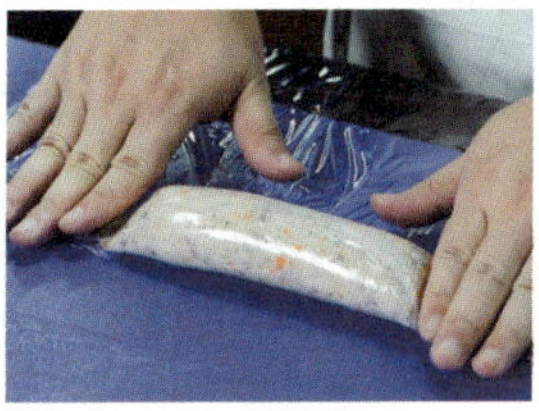

图 2-9-6

图 2-9-7

图 2-9-8

图 2-9-9

图 2-9-10

拓展创新探究

本道菜品是一道以海鲜为主的菜肴，高蛋白、低脂肪，营养丰富，配上时蔬点缀装饰，荤素搭配合理，可把虾和鱿鱼换成海鲈鱼，用同样的烹饪方法做成一鱼双吃。

综合评价

生产制作完成后，由你本人、你所在的小组其他成员和生产制作指导老师组成综合性评价小组，依据标准填写下列评价表。

评价主体	评价要素							合计100%	比例	分值
	实施前		实施中			实施后				
	资料查找10%	任务分析20%	原料准备10%	生产规范20%	成品质量15%	清洁卫生15%	实训报告10%			
自我评价									30%	
小组评价									30%	
老师评价									40%	
总　分									100%	

模块小结

本模块包含制作西餐开胃菜中的凯撒沙拉、厨师沙拉、华尔道夫沙拉、夏威夷木瓜鲜虾沙拉、番茄奶酪沙拉、三文鱼头盘配黑醋汁、三文鱼塔塔、低温鸡肉卷、海鲜头盘配荷兰汁等实训任务。

开胃菜，也称为开胃品、头盘、头盆或餐前小食品，品种丰富，包括各种分量小的冷开胃菜、热开胃菜等。开胃菜是西餐的第一道菜。西餐中，开胃菜的主要目的是达到开胃和提高食欲的作用，热开胃菜有承上启下的作用，是对主菜的铺垫。因此西餐开胃菜的特点十分明显，一般要求数量少、味道清新、色泽和造型美观，以酸味和咸鲜味为主。西餐开胃菜的种类很多，包括开那批类、鸡尾类、蘸汁类等，广义的开胃菜还指开胃汤和开胃沙拉等。

开胃菜的特点一般包括：外观方面呈现色调清新、和谐，造型美观，令人赏心悦目，诱人食欲；口味方面以酸、咸、辛辣为主，能开胃爽口，增加食欲；形状方面以块小、易食为主；烹调特点方面可提前制作，供应迅速。

西餐中的冷开胃菜是直接入口的菜肴，从制作到拼摆装盘的每一个环节都要求注意卫生，严防被有害物质污染。同时，选料要讲究，各种蔬菜、海鲜、禽肉类等都要求质地新鲜、外观完好，对于生食的原料还要进行消毒处理。制作时一般应选用凝固点低的沙拉油，而不要过多地使用动物性油脂，如黄油，以免因油脂凝结而影响菜肴的质量。制作好的冷开胃菜应晾至 5 ~ 8℃后，再存放在专用冷藏冰柜保存。冷菜在加工后应尽快食用，食用时的温度以 10 ~ 12℃为宜。

练习题

扫描下方二维码进行线上答题。

练习题

模块三

西餐汤菜制作

学习目标

素质目标

1. 具备良好的食品安全职业意识。
2. 树立“追求卓越、精益求精、用户至上”的大国工匠精神。
3. 具有“各美其美、美美与共”的餐饮文化观，坚定文化自信。
4. 具备较强的职业责任感，以及爱岗敬业、诚实守信的职业品格和行为习惯。
5. 养成改革创新的时代精神。

知识目标

1. 了解西餐汤菜的风味特点与用料。
2. 了解西餐汤菜的作用、分类情况。
3. 熟悉常见代表性西餐汤菜的主料、辅料、调料识别技巧。
4. 掌握常见代表性西餐汤菜的工艺流程及要点解析。
5. 掌握常见代表性西餐汤菜的“举一反三”创新的思路。

能力目标

1. 能对小组成员的实训角色进行恰当的分工，并能做好组织、统筹、监督、检查的工作。
2. 能较好运用初加工岗位涉及的洗涤技术、分档取料、切配技术等，依据典型任务实施相关要求做好常见代表性西餐汤菜的准备工作。
3. 能够制作常见代表性西餐汤菜，且工艺流程、制作步骤、成菜质量等符合相关标准。
4. 通过对常见代表性西餐汤菜知识的学习与各代表性菜肴的实训操作，结合当前西餐行业的发展方向及市场需求，能进行创新、开发适合目标客户群体需求的西餐汤菜。

任务 1 西班牙番茄冷汤

Spanish Tomato Cold Soup

图 3-1-1　西班牙番茄冷汤成品图

西班牙番茄冷汤

任务目标

1. 知道西班牙番茄冷汤所需的主辅调料，并能按标准选用。

2. 掌握西班牙番茄冷汤的生产制作步骤、成品质量标准和安全操作注意事项。

3. 能按照任务实施说明做好各项准备，并独立完成生产制作。

任务描述

依据图 3-1-1“西班牙番茄冷汤成品图”所示，认真研读并熟知西班牙番茄冷汤标准菜谱中所列的用料、制作流程、要点解析、制作步骤、拓展创新等内容，观看本菜品制作过程图片与操作视频，并完成任务分析中的核心问题。

在实训指导老师的指导下，用精益求精、追求卓越的工匠精神，独立生产制作 1 份符合标准的菜品。

任务分析

此菜具有“口味酸辣、汤色红润、口感顺滑”的特点，此汤源于西班牙南部的安达卢西亚，是道略带辛辣味的夏日提神佳品，在西班牙炎热地区的夏天是常见的冷汤。为高质量地完成本任务，各学员不仅要按照“任务描述”中的要求做好准备，还应认真分析以下几个核心问题：

1. 如何加工才能使此汤的加工品口感顺滑？

2. 盛装此汤，应选用什么样的餐具为佳？

<table>
<tr><td rowspan="5">任务实施</td><td>主料辅料调料识别与准备</td><td>主料：番茄 1 个约 120 g，红彩椒 15 g，青椒 10 g，小青瓜 20 g，洋葱 10 g，蒜头 1 粒，乡村面包片 15 g（见图 3-1-2）。
辅料：圣女果 2 个，烤乡村面包丁 3 g，百里香 1 支约 2 g（见图 3-1-3）。
调料：橄榄油 15 mL，雪利醋 5 mL，精盐 2 g，黑胡椒碎 2 g，法式蜂蜜油醋汁 3 mL（见图 3-1-4）。

图 3-1-2

图 3-1-3

图 3-1-4</td></tr>
<tr><td>流程识读</td><td>蔬菜切丁→面包撕成小块→制糊→冷藏→装盘。</td></tr>
<tr><td>要点解析</td><td>1. 西班牙冷汤摆放隔夜滋味更饱满，因此提前一天做好也行。
2. 虽然这份食谱没有加面包一起搅打成汤，但也可以试着于步骤 2 加一片隔夜干面包一起打匀，棍子面包和乡村面包都合适。</td></tr>
<tr><td>依据步骤与图示制作</td><td>步骤 1：把番茄、彩椒小青瓜、洋葱、蒜头分别切成小丁状（见图 3-1-5）。
步骤 2：乡村面包撕成小块状（见图 3-1-6），圣女果对半切开。
步骤 3：将所有的主料都放入料理机中，加入雪利醋、纯净水 100 mL，慢速打成稀糊状（见图 3-1-7）。
步骤 4：然后加入乡村面包丁，加入橄榄油、法式蜂蜜油醋汁、黑胡椒和精盐（见图 3-1-8），继续搅打至细腻。
步骤 5：将打好的蔬菜糊倒入盛器中（见图 3-1-9），用保鲜膜覆盖上，放入冰箱冷藏。
步骤 6：将冷藏好的蔬菜泥盛入汤碗中，然后摆上圣女果、百里香、烤面包丁，淋上橄榄油（见图 3-1-10），即可上菜。</td></tr>
</table>

任务实施

依据步骤与图示制作

图 3-1-5

图 3-1-6

图 3-1-7

图 3-1-8

图 3-1-9

图 3-1-10

拓展创新探究

世界上许多地方都爱喝冷汤解暑，地中海国家喜欢用颜色鲜艳的番茄、节瓜、甜椒，东欧匈牙利有樱桃冷汤，盛产啤酒的德国有啤酒冷汤，俄国人喝甜菜根冷汤。因此，创新时需要考虑地缘因素。

综合评价

生产制作完成后，由你本人、你所在的小组其他成员和生产制作指导老师组成综合性评价小组，依据标准填写下列评价表。

评价主体	评价要素							合计100%	比例	分值
	实施前		实施中			实施后				
	资料查找10%	任务分析20%	原料准备10%	生产规范20%	成品质量15%	清洁卫生15%	实训报告10%			
自我评价									30%	
小组评价									30%	
老师评价									40%	
总　分									100%	

任务 2 法式洋葱汤
French Onion Soup

图 3-2-1 法式洋葱汤成品图

法式洋葱汤

任务目标

1. 知道法式洋葱汤所需的主辅调料，并能按标准选用。
2. 掌握法式洋葱汤的生产制作步骤、成品质量标准和安全操作注意事项。
3. 能按照任务实施说明做好各项准备，并独立完成生产制作。

任务描述

依据图 3-2-1“法式洋葱汤成品图”所示，认真研读并熟悉法式洋葱汤标准菜谱中所列的用料、制作流程、要点解析、制作步骤、拓展创新等内容，观看本菜品制作过程图片与操作视频，并完成任务分析中的核心问题。

在实训指导老师的指导下，用精益求精、追求卓越的工匠精神，独立生产制作 1 份符合标准的菜品。

任务分析

此菜具有“汤面焦黄色、汤体褐色、洋葱味浓郁”的特点，是法国一道古老而经典的名汤，在法国餐饮界的地位如同红菜汤在俄罗斯，是传统饮食中的经典，展现着国家特有的饮食习俗和文化风情。为高质量地完成本任务，各学员不仅要按照“任务描述”中的要求做好准备，还应认真分析以下几个核心问题：

1. 为什么宜选用白洋葱？
2. 制作此菜应选用什么奶酪为佳？
3. 烤制时温度宜控制在什么范围？

<table>
<tr><td rowspan="5">任务实施</td><td rowspan="2">主料辅料调料识别与准备</td><td>主料：白洋葱 1/2 个约 100 g（见图 3-2-2）。
辅料：法棍面包片 1 片，低筋面粉 10 g，巴马奶酪碎 50 g（见图 3-2-3）。
调料：黄油 30 g，白葡萄酒 15 mL，红葡萄酒 7 mL，布朗基础汤 350 mL，精盐 1 g，黑胡椒粉 0.5 g，豆蔻粉 0.3 g，百里香叶 1 g，香叶 1 片（见图 3-2-4）。</td></tr>
<tr><td>
图 3-2-2

图 3-2-3

图 3-2-4</td></tr>
<tr><td>流程识读</td><td>洋葱切丝→炒洋葱→加酒 / 基础汤熬制→调味→装碗→出锅。</td></tr>
<tr><td>要点解析</td><td>1. 切洋葱时要注意大小均匀，这样在烹饪过程中才能更好地释放出味道。
2. 煮汤过程中要不停搅拌，以防糊底。</td></tr>
<tr><td>依据步骤与图示制作</td><td>步骤 1：将白洋葱清洗干净，然后切成丝（见图 3-2-5）。
步骤 2：锅内放黄油，下入切好的洋葱炒至变软（见图 3-2-6），加入面粉炒制均匀。
步骤 3：加入白葡萄酒和红葡萄酒加热浓缩（见图 3-2-7），加入布朗基础汤、百里香和香叶，小火煮约 30 分钟，至洋葱的香甜味充分融入汤中。
步骤 4：加入精盐、黑胡椒粉、豆蔻粉调味，然后盛入汤碗中（见图 3-2-8）。
步骤 5：将法棍面包片放在汤面，表面撒上奶酪碎（见图 3-2-9），然后放入 175℃的烤箱中（见图 3-2-10），将芝士烤上色，即可上菜。</td></tr>
</table>

任务实施

依据步骤与图示制作

图 3-2-5

图 3-2-6

图 3-2-7

图 3-2-8

图 3-2-9

图 3-2-10

拓展创新探究

上菜时洋葱汤中可以不加面包片和奶酪，而是将奶酪面包片放在汤碗外边搭配食用。将面包片放在烤盘上，面包稍涂些黄油，再撒上碎的奶酪。巴马奶酪可以和其他奶酪混合将面包烤成棕色。

综合评价

生产制作完成后，由你本人、你所在的小组其他成员和生产制作指导老师组成综合性评价小组，依据标准填写下列评价表。

评价主体	评价要素							合计100%	比例	分值
	实施前		实施中			实施后				
	资料查找10%	任务分析20%	原料准备10%	生产规范20%	成品质量15%	清洁卫生15%	实训报告10%			
自我评价									30%	
小组评价									30%	
老师评价									40%	
总分									100%	

任务 3 罗宋汤
Russian Beef Soup

图 3-3-1　罗宋汤成品图

罗宋汤

任务目标

1. 知道罗宋汤所需的主辅调料，并能按标准选用。
2. 掌握罗宋汤的生产制作步骤、成品质量标准和安全操作注意事项。
3. 能按照任务实施说明做好各项准备，并独立完成生产制作。

任务描述

依据图 3-3-1“罗宋汤成品图”所示，认真研读并熟记罗宋汤标准菜谱中所列的用料、制作流程、要点解析、制作步骤、拓展创新等内容，观看本菜品制作过程图片与操作视频，并完成任务分析中的核心问题。

在实训指导老师的指导下，用精益求精、追求卓越的工匠精神，独立生产制作 1 份符合标准的菜品。

任务分析

此菜具有“酸中带甜、甜中飘香、鲜滑爽口”的特点。罗宋汤也叫红菜汤，是一种在东欧地区广泛食用的汤品，据传该汤出现于公元前 5 世纪到公元前 9 世纪之间的东欧地区。为高质量地完成本任务，各学员不仅要按照“任务描述”中的要求做好准备，还应认真分析以下几个核心问题：

1. 制作此汤，在调味品用量上有什么标准？
2. 如何加工才能确保牛肉软烂？
3. 酸奶油是什么原料加工而成？

<table>
<tr><td rowspan="4">任务实施</td><td>主料辅料调料识别与准备</td><td>主料：牛肉 80 g，洋葱 20 g，胡萝卜 30 g，卷心菜 25 g，土豆 30 g，番茄 1/2 个约 70 g（见图 3-3-2）。
辅料：黄油面酱 15 g，番茄膏 20 g，酸奶油 15 g，牛清汤 300 mL（见图 3-3-3）。
调料：橄榄油 10 mL，辣酱油 2 mL，香叶 1 片，精盐 2 g，黑胡椒碎 1.5 g，杂香草 0.5 g（见图 3-3-4）。

图 3-3-2

图 3-3-3

图 3-3-4</td></tr>
<tr><td>流程识读</td><td>牛肉切丁→煎制牛肉→蔬菜切丁→炒制煮汤→调味→调节稠度→装盘。</td></tr>
<tr><td>要点解析</td><td>1. 在煮汤时要注意火候，煮汤的时间和火力大小要根据蔬菜的种类和数量进行合理的调节，以保证煮出的汤品口感鲜美、色泽艳丽。
2. 放适量的奶油增加口感。</td></tr>
<tr><td>依据步骤与图示制作</td><td>步骤 1：将牛肉切丁后煎上色（见图 3-3-5），加入香叶、黑胡椒碎、牛清汤小火焖至软糯盛出。
步骤 2：洋葱、胡萝卜、土豆、番茄、卷心菜分别切成小丁（见图 3-3-6）。
步骤 3：锅烧热后放入橄榄油，加入切好的洋葱丁炒香后加入胡萝卜丁、土豆丁（见图 3-3-7），炒出香味后加入番茄丁和番茄膏一起炒匀。
步骤 4：加入煮好的牛肉、煮牛肉原汤和杂香草，煮约 10 分钟，放入卷心菜丁（见图 3-3-8），继续煮约 8 分钟，加入精盐进行调味，然后加入黄油面酱进行收稠，淋入辣酱油（见图 3-3-9）。
步骤 5：煮好后盛入汤碗中，汤面加入酸奶油（见图 3-3-10），搭配上黄油、番茄、面包片即可上菜。</td></tr>
</table>

任务实施

依据步骤与图示制作

图 3-3-5

图 3-3-6

图 3-3-7

图 3-3-8

图 3-3-9

图 3-3-10

拓展创新探究

历史上罗宋汤原料有过很多改变，包括牛防风、酢浆草、卷心菜等，后来演变到以甜菜为主料，常加入马铃薯、胡萝卜、牛肉块、奶油等熬煮，因此呈紫红色，也有不加甜菜加番茄酱的橙色罗宋汤和绿色罗宋汤。

综合评价

生产制作完成后，由你本人、你所在的小组其他成员和生产制作指导老师组成综合性评价小组，依据标准填写下列评价表。

评价主体	评价要素							合计100%	比例	分值
	实施前		实施中			实施后				
	资料查找10%	任务分析20%	原料准备10%	生产规范20%	成品质量15%	清洁卫生15%	实训报告10%			
自我评价									30%	
小组评价									30%	
老师评价									40%	
总　分									100%	

任务 4 咖喱羊肉汤

Curry Lamb Soup

图 3-4-1 咖喱羊肉汤成品图

咖喱羊肉汤

任务目标

1. 知道咖喱羊肉汤所需的主辅调料，并能按标准选用。
2. 掌握咖喱羊肉汤的生产制作步骤、成品质量标准和安全操作注意事项。
3. 能按照任务实施说明做好各项准备，并独立完成生产制作。

任务描述

依据图 3-4-1“咖喱羊肉汤成品图”所示，认真研读并熟记咖喱羊肉汤标准菜谱中所列的用料、制作流程、要点解析、制作步骤、拓展创新等内容，观看本菜品制作过程图片与操作视频，并完成任务分析中的核心问题。

在实训指导老师的指导下，用精益求精、追求卓越的工匠精神，独立生产制作 1 份符合标准的菜品。

任务分析

此菜具有“汤色金黄、滋补鲜美”的特点。此菜很好地吸收和保留了羊肉和咖喱的营养价值，因此可带来较好的食疗功效。为高质量地完成本任务，各学员不仅要按照“任务描述”中的要求做好准备，还应认真分析以下几个核心问题：

1. 应选用什么品种的羊腿肉为佳？
2. 咖喱粉是由哪些香料组成的复合调味料？
3. 椰浆可以用新鲜椰汁代替吗？

<table>
<tr>
<td rowspan="5">任务
实施</td>
<td rowspan="2">主料
辅料
调料
识别
与准
备</td>
<td>主料：羊腿肉 120 g（见图 3-4-2）。
辅料：胡萝卜 50 g，洋葱 40 g，西芹 35 g，苹果 50 g，大米 20 g，鸡汤 500 mL，黄油面酱 10 g，罗勒叶 3 g（见图 3-4-3）。
调料：椰浆 10 mL，淡奶油 5 mL，黄咖喱粉 12 g，黄油 20 g，精盐 2 g，胡椒粉 0.5 g，白兰地 10 mL（见图 3-4-4）。</td>
</tr>
<tr>
<td>
图 3-4-2

图 3-4-3

图 3-4-4</td>
</tr>
<tr>
<td>流程
识读</td>
<td>羊肉 / 蔬菜切丁→浸泡苹果丁→羊肉焯水→煮制→调味 / 调稠度→装盘。</td>
</tr>
<tr>
<td>要点
解析</td>
<td>1. 刀工处理时，原料成形大小要适中。
2. 羊肉需要焯水处理，以去除部分腥膻味。
3. 煮制过程需要恰当控制火力的大小，并适当翻动，避免焦底。</td>
</tr>
<tr>
<td>依据
步骤
与图
示制
作</td>
<td>步骤 1：羊肉切 1.2 cm 见方的丁（见图 3-4-5），胡萝卜、洋葱、西芹、苹果分别切成 0.5 cm 见方的丁，罗勒叶切碎。
步骤 2：苹果丁放入清水中浸泡（见图 3-4-6），以防止发生褐变。
步骤 3：在冷水锅中加入白兰地，放入羊肉焯水（见图 3-4-7），以去腥膻味。
步骤 4：起锅放入黄油，加入大米、洋葱丁、胡萝卜丁、西芹丁和羊肉丁炒熟（见图 3-4-8），加入咖喱粉炒香，再放入鸡汤及苹果丁小火煮约 25 分钟至软，用黄油面酱调节稠度，加椰浆、精盐和胡椒粉调味（见图 3-4-9）。
步骤 5：将汤盛入汤盘，淋入淡奶油，撒上罗勒叶碎（见图 3-4-10），即可上菜。</td>
</tr>
</table>

任务实施

依据步骤与图示制作

图 3-4-5

图 3-4-6

图 3-4-7

图 3-4-8

图 3-4-9

图 3-4-10

拓展创新探究

如食谱所做，菜谱中的羊肉可以换成牛肉、兔肉等，制成“咖喱牛肉汤”“咖喱兔肉汤”；黄咖喱粉可以换成黄咖喱酱、红咖喱酱、绿咖喱酱等，体现不同的风味特色。

综合评价

生产制作完成后，由你本人、你所在的小组其他成员和生产制作指导老师组成综合性评价小组，依据标准填写下列评价表。

评价主体	评价要素							合计 100%	比例	分值
	实施前		实施中			实施后				
	资料查找 10%	任务分析 20%	原料准备 10%	生产规范 20%	成品质量 15%	清洁卫生 15%	实训报告 10%			
自我评价									30%	
小组评价									30%	
老师评价									40%	
总　分									100%	

任务 5　南瓜奶油汤
Pumpkin Cream Soup

图 3-5-1　南瓜奶油汤成品图

南瓜奶油汤

任务目标

1. 知道南瓜奶油汤所需的主辅调料，并能按标准选用。
2. 掌握南瓜奶油汤的生产制作步骤、成品质量标准和安全操作注意事项。
3. 能按照任务实施说明做好各项准备，并独立完成生产制作。

任务描述

依据图 3-5-1“南瓜奶油汤成品图”所示，认真研读并熟记南瓜奶油汤标准菜谱中所列的用料、制作流程、要点解析、制作步骤、拓展创新等内容，观看本菜品制作过程图片与操作视频，并完成任务分析中的核心问题。

在实训指导老师的指导下，用精益求精、追求卓越的工匠精神，独立生产制作 1 份符合标准的菜品。

任务分析

此菜具有“汤色浅黄、口感顺滑、口味香甜、汤体黏稠”的特点。南瓜奶油浓汤有着悠久的历史渊源，南瓜作为一种常见的秋季蔬菜，在许多文化中都扮演着重要的角色。为高质量地完成本任务，各学员不仅要按照“任务描述”中的要求做好准备，还应认真分析以下几个核心问题：

1. 老南瓜的选料标准是什么？
2. 制作此菜，如何才能确保口感顺滑？
3. 各种调味料使用的比例是什么？

任务实施	主料辅料调料识别与准备	主料：老南瓜 1 块约 250 g（见图 3-5-2）。 辅料：培根 1 片约 20 g，淡奶油 25 mL，黄油 30 g，洋葱 10 g，吐司 1 小片，鸡清汤 350 mL（见图 3-5-3）。 调料：大蒜 1 粒，香叶 1 片，精盐 2 g，白糖 2 g，胡椒粉 0.5 g，薄荷叶 1 小支（见图 3-5-4）。  图 3-5-2  图 3-5-3  图 3-5-4
	流程识读	刀工处理→煎吐司丁→煮制→搅打制蓉→调味→装盘。
	要点解析	1. 一定要选用深绿色外皮的甜南瓜，这样南瓜汤的味道才更香甜。 2. 由于南瓜内有丰富的纤维，煮制时需要用小火慢煮。 3. 淡奶油可以增加南瓜汤的香味和稠度。
	依据步骤与图示制作	步骤 1：南瓜去皮去籽后切成薄片；洋葱切丝，大蒜拍碎，培根肉切小丁（见图 3-5-5）。 步骤 2：吐司片切丁，加黄油用小火煎成金黄色（见图 3-5-6）。 步骤 3：锅中加入黄油，放入大蒜、洋葱、培根肉炒香（见图 3-5-7），加南瓜片炒匀，倒入鸡清汤煮沸，加香叶煮约 20 分钟，直到南瓜变软糯。 步骤 4：用料理棒搅打成蓉（见图 3-5-8）。 步骤 5：煮沸后加入淡奶油（见图 3-5-9），用白糖、精盐、胡椒粉调味。 步骤 6：将汤盛入汤盘，用奶油、黄油煎吐司粒、薄荷叶搭配装饰（见图 3-5-10），即可上菜。

任务实施

依据步骤与图示制作

图 3-5-5

图 3-5-6

图 3-5-7

图 3-5-8

图 3-5-9

图 3-5-10

拓展创新探究

如食谱所做，菜谱中的南瓜用芦笋代替，可选装饰料为煮熟的芦笋尖，制成“芦笋奶油汤”；菜谱中的南瓜用蘑菇代替，可选装饰料为煮熟的切丝或切片或切丁的蘑菇，制成“蘑菇奶油汤”。

综合评价

生产制作完成后，由你本人、你所在的小组其他成员和生产制作指导老师组成综合性评价小组，依据标准填写下列评价表。

评价主体	评价要素							合计100%	比例	分值
	实施前		实施中			实施后				
	资料查找10%	任务分析20%	原料准备10%	生产规范20%	成品质量15%	清洁卫生15%	实训报告10%			
自我评价									30%	
小组评价									30%	
老师评价									40%	
总　分									100%	

任务 6 鸡肉菜丝清汤
Chicken and Shredded Vegetable Clear Soup

图 3-6-1 鸡肉菜丝清汤成品图

鸡肉菜丝清汤

任务目标

1. 知道鸡肉菜丝清汤所需的主辅调料，并能按标准选用。
2. 掌握鸡肉菜丝清汤的生产制作步骤、成品质量标准和安全操作注意事项。
3. 能按照任务实施说明做好各项准备，并独立完成生产制作。

任务描述

依据图 3-6-1“鸡肉菜丝清汤成品图”所示，认真研读并熟知鸡肉菜丝清汤标准菜谱中所列的用料、制作流程、要点解析、制作步骤、拓展创新等内容，观看本菜品制作过程图片与操作视频，并完成任务分析中的核心问题。

在实训指导老师的指导下，用精益求精、追求卓越的工匠精神，独立生产制作 1 份符合标准的菜品。

任务分析

此菜具有“味道鲜美浓郁微咸、口感脆嫩爽口、颜色呈淡琥珀色、清澈透明”的特点。清汤都是以透明的、没有增稠的肉汤或基础汤制成的。制作工艺流程简单，一般用各种蔬菜和肉装饰。为高质量地完成本任务，各学员不仅要按照“任务描述”中的要求做好准备，还应认真分析以下几个核心问题：

1. “清汤”的质量标准是？
2. 制作过程中如何才能使汤色透明？
3. 熬制清汤的注意事项有哪些？

<table>
<tr><td rowspan="5">任务实施</td><td rowspan="2">主料辅料调料识别与准备</td><td>主料：鸡胸肉泥 100 g，鸡腿肉 60 g，白色鸡基础汤 350 mL（见图 3-6-2）。
辅料：鸡蛋清 30 g，胡萝卜 100 g，西芹 40 g，百里香 1 小枝（见图 3-6-3）。
调料：精盐 2 g，黑胡椒碎 2 g，白胡椒粉 1 g，香叶 1 片，鲜迷迭香 1 g（见图 3-6-4）。</td></tr>
<tr><td> 图 3-6-2  图 3-6-3  图 3-6-4</td></tr>
<tr><td>流程识读</td><td>切制蔬菜→拌制鸡胸肉泥→焯水→熬制清汤→熟鸡胸肉切片→过滤→加热→调味→装盘。</td></tr>
<tr><td>要点解析</td><td>1. 菜丝焯水后，可用纯净水浸泡凉透，以防止菜丝变色。
2. 熬制清汤时需要恰当控制火力，避免汤变浑浊。</td></tr>
<tr><td>依据步骤与图示制作</td><td>步骤 1：胡萝卜 50 g、西芹 20 g 切成细丝，剩余胡萝卜、西芹切碎（见图 3-6-5）。
步骤 2：将鸡胸肉泥加入盐搅拌上劲，加入胡萝卜碎、西芹碎和鸡蛋清拌匀（见图 3-6-6）。
步骤 3：蔬菜丝焯水至熟，控干水分（见图 3-6-7）。
步骤 4：将白色鸡基础汤放入锅中，然后放入拌匀的鸡胸肉泥，放入鸡腿肉，小火加热，放入香叶、迷迭香、黑胡椒碎，煮开后转小火煮（见图 3-6-8）。
步骤 5：将煮熟的鸡腿捞出切薄片，待锅内的肉团漂浮在汤面后取出，将汤过滤（见图 3-6-9）。
步骤 6：把清汤加热，放入精盐、白胡椒粉调味，放入菜丝，盛入汤盘中，搭配上鸡肉片、百里香（见图 3-6-10），即可上菜。</td></tr>
</table>

任务实施

依据步骤与图示制作

图 3-6-5

图 3-6-6

图 3-6-7

图 3-6-8

图 3-6-9

图 3-6-10

拓展创新探究

如食谱所做，将菜谱中的鸡胸肉换成海鲈鱼，鸡白色基础汤换成鱼清汤，即可制成“鲈鱼菜丝清汤”；用牛基础汤取代鸡基础汤，加入已经烤熟的牛肉碎料，加入柠檬汁，即可制成“牛肉清汤”。

综合评价

生产制作完成后，由你本人、你所在的小组其他成员和生产制作指导老师组成综合性评价小组，依据标准填写下列评价表。

评价主体	评价要素							合计 100%	比例	分值
	实施前		实施中			实施后				
	资料查找 10%	任务分析 20%	原料准备 10%	生产规范 20%	成品质量 15%	清洁卫生 15%	实训报告 10%			
自我评价									30%	
小组评价									30%	
老师评价									40%	
总　分									100%	

任务 7 栗子蓉雪花汤

Chestnut and Snow Flower Soup

图 3-7-1　栗子蓉雪花汤成品图

栗子蓉雪花汤

任务目标

1. 知道栗子蓉雪花汤所需的主辅调料，并能按标准选用。

2. 掌握栗子蓉雪花汤的生产制作步骤、成品质量标准和安全操作注意事项。

3. 能按照任务实施说明做好各项准备，并独立完成生产制作。

任务描述

依据图 3-7-1“栗子蓉雪花汤成品图”所示，认真研读并熟知栗子蓉雪花汤标准菜谱中所列的用料、制作流程、要点解析、制作步骤、拓展创新等内容，观看本菜品制作过程图片与操作视频，并完成任务分析中的核心问题。

在实训指导老师的指导下，用精益求精、追求卓越的工匠精神，独立生产制作 1 份符合标准的菜品。

任务分析

此菜具有“色深黄、呈稀糊状、口味咸鲜、口感细腻滑爽”的特点，它是在传统“栗子蓉汤”制作的基础上添加新的食材——结合雪花（白巧克力碎片），创新的一道新式蓉汤。汤是由奶油、黄油和栗子熬制而成，是一道极传统的汤品。为高质量地完成本任务，各学员不仅要按照“任务描述”中的要求做好准备，还应认真分析以下几个核心问题：

1. “雪花”（白巧克力片）需要如何储藏？

2. 应选用什么样的“栗子”为佳？为什么？

任务实施	主料辅料调料识别与准备	主料：去皮栗子 200 g，白色鸡基础汤 300 mL（见图 3-7-2）。 辅料：牛奶 30 mL，白巧克力碎 10 g，淡奶油 10 mL，红葱头 12 g，欧芹 1 g，面粉 5 g（见图 3-7-3）。 调料：精盐 1 g，白胡椒粉 0.5 g，白糖 1 g，黄油 30 g（见图 3-7-4）。
		 图 3-7-2  图 3-7-3 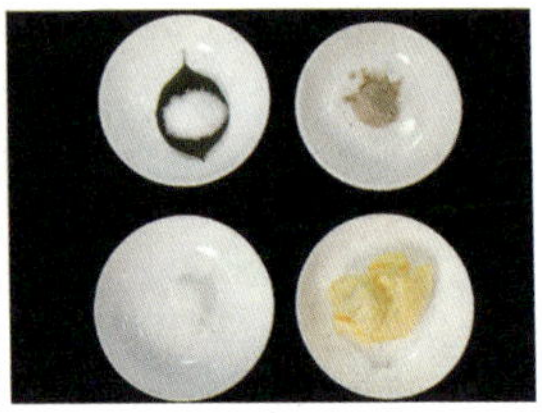 图 3-7-4
	流程识读	刀工处理→煮栗子→搅打成蓉→加热调味→装盘。
	要点解析	1. 搅打前，栗子一定要充分煮至软烂。 2. 加入奶油不能过多，否则会影响蓉汤的色泽和口味。 3. 煮制过程中需要恰当控制火力，并适当搅动，避免焦底。
	依据步骤与图示制作	步骤 1：把栗子切成小丁，红葱头切末，欧芹切碎（见图 3-7-5）。 步骤 2：汤锅中加入白色鸡基础汤，放入栗子煮至软烂（见图 3-7-6）。 步骤 3：用料理棒将煮好的栗子搅打成蓉（见图 3-7-7），然后盛出。 步骤 4：用黄油把葱头末炒香，放入面粉炒香，逐步加入牛奶，炒匀后放入栗子蓉，在微火上继续加热（见图 3-7-8）。 步骤 5：当蓉汤沸腾时加入淡奶油、精盐、白胡椒粉、白糖调味，搅拌均匀（见图 3-7-9）。 步骤 6：盛入汤盘中，撒上白巧克力碎、欧芹碎（见图 3-7-10），即可上菜。

任务实施

依据步骤与图示制作

图 3-7-5

图 3-7-6

图 3-7-7

图 3-7-8

图 3-7-9

图 3-7-10

拓展创新探究

如食谱所做，将菜谱中的栗子换成豌豆，即可制成“豌豆蓉雪花汤”；如食谱所做，将菜谱中的栗子换成花生仁，白巧克力碎不用，增加黄油面包丁，用奶油点缀，即可制成“花生蓉汤”。

综合评价

生产制作完成后，由你本人、你所在的小组其他成员和生产制作指导老师组成综合性评价小组，依据标准填写下列评价表。

评价主体	评价要素							合计 100%	比例	分值
	实施前		实施中			实施后				
	资料查找 10%	任务分析 20%	原料准备 10%	生产规范 20%	成品质量 15%	清洁卫生 15%	实训报告 10%			
自我评价									30%	
小组评价									30%	
老师评价									40%	
总　分									100%	

任务 8 匈牙利牛肉汤
Hungarian Goulash Soup

图 3-8-1 匈牙利牛肉汤成品图

匈牙利牛肉汤

任务目标

1. 知道匈牙利牛肉汤所需的主辅调料，并能按标准选用。
2. 掌握匈牙利牛肉汤的生产制作步骤、成品质量标准和安全操作注意事项。
3. 能按照任务实施说明做好各项准备，并独立完成生产制作。

任务描述

依据图 3-8-1“匈牙利牛肉汤成品图”所示，认真研读并熟记匈牙利牛肉汤标准菜谱中所列的用料、制作流程、要点解析、制作步骤、拓展创新等内容，观看本菜品制作过程图片与操作视频，并完成任务分析中的核心问题。

在实训指导老师的指导下，用精益求精、追求卓越的工匠精神，独立生产制作 1 份符合标准的菜品。

任务分析

此菜具有“牛肉味浓郁、汤色红亮、甜酸微辣”的特点。此汤是匈牙利的一道传统美食，它的历史可以追溯到 16 世纪末。为高质量地完成本任务，各学员不仅要按照“任务描述”中的要求做好准备，还应认真分析以下几个核心问题：

1. 查询资料，了解此汤的历史发展。
2. 熬制白色牛基础汤的原料及基本流程是什么？

任务实施	主料辅料调料识别与准备	主料：牛肉 150 g，青椒 20 g，红椒 20 g，土豆 20 g，胡萝卜 20 g，洋葱 20 g（见图 3-8-2）。 辅料：去皮番茄 40 g，白色牛基础汤 350 mL，大蒜 1 粒，小米椒 1 个，面粉 5 g（见图 3-8-3）。 调料：红酒 20 mL，黄油 20 g，精盐 2 g，胡椒粉 2 g，红椒粉 3 g，番茄酱 20 g，鲜迷迭香 2 g，鲜百里香 1 枝，酸奶油 3 mL（见图 3-8-4）。
		 图 3-8-2  图 3-8-3  图 3-8-4
	流程识读	刀工处理→腌制牛肉→煎制牛肉→煮制→调味→装盘。
	要点解析	1. 牛肉不用焯水，腌制后直接煎制可使牛肉汁水收住，不至炖老。 2. 加土豆是为了使汤汁浓稠。
	依据步骤与图示制作	步骤 1：将牛肉切成 1.5 cm 见方的丁，各类蔬菜切成约 1 cm 见方的丁，大蒜和小米椒剁碎（见图 3-8-5）。 步骤 2：牛肉用调料腌制，然后放入平底锅中，用黄油煎上色（见图 3-8-6）。 步骤 3：锅烧热放入黄油，将大蒜及小米椒炒香，放入各类蔬菜丁煸炒，然后加入红酒浓缩（见图 3-8-7）。 步骤 4：加入番茄酱及面粉炒匀，加入白色牛基础汤、辣椒粉、迷迭香等，沸腾后加入牛肉粒（见图 3-8-8）。 步骤 5：煮约 20 分钟后加入去皮番茄丁、土豆等原料，煮熟后用盐和胡椒粉调味（见图 3-8-9），盛入汤盘中。 步骤 6：淋上酸奶油，放上鲜百里香（见图 3-8-10），即可上菜。

任务实施

依据步骤与图示制作

图 3-8-5

图 3-8-6

图 3-8-7

图 3-8-8

图 3-8-9

图 3-8-10

拓展创新探究

如食谱所做，将菜谱中的牛肉换成羊肉，即可制成“匈牙利羊肉汤”；如食谱所做，将菜谱中的小米椒换成干辣椒，迷迭香换成杂香草，酸奶油也可以根据地方习惯进行调整，即可得到新口味菜肴。

综合评价

生产制作完成后，由你本人、你所在的小组其他成员和生产制作指导老师组成综合性评价小组，依据标准填写下列评价表。

评价主体	评价要素							合计 100%	比例	分值
	实施前		实施中			实施后				
	资料查找 10%	任务分析 20%	原料准备 10%	生产规范 20%	成品质量 15%	清洁卫生 15%	实训报告 10%			
自我评价									30%	
小组评价									30%	
老师评价									40%	
总　分									100%	

模块小结

本模块包含制作西餐汤菜中的西班牙番茄冷汤、法式洋葱汤、罗宋汤、咖喱羊肉汤、南瓜奶油汤、鸡肉菜丝清汤、栗子蓉雪花汤、匈牙利牛肉汤等实训任务。

汤菜在西餐菜肴中占有十分重要的地位，在吃主菜之前必定要喝汤。简单的正餐汤菜也可作为头盘使用。大多数的汤类菜肴要使用基础汤制作，其特点是品种繁多、味道鲜美、营养丰富。西餐汤可以分为清汤、蓉汤、冷汤、奶油汤、蔬菜汤、海鲜汤等。

清汤是指在基础汤中加入富含蛋白质的原料，如鸡脯肉、牛肉等，并清除汤中的杂质，从而形成更加清澈透明、鲜美的汤品，以及在此基础上加入简单配料所制成的汤类。清汤是一种高档汤品，在西欧国家比较讲究。蓉汤大都是用各种蔬菜制成的菜蓉，加上清汤或浓汤调制而成。蓉汤是传统的汤类，西方各国几乎都有。由于蓉汤有丰富的营养和良好的风味，所以经久不衰，至今仍广为人们所食用。冷汤大都是用白色清汤或凉开水加上各种蔬菜、水果或少量肉类调制而成。冷汤的食用温度在 0 ～ 10℃为宜，有的人还习惯加冰块饮用，冷汤大都具有爽口、开胃、刺激食欲的特点，适宜夏季饮用。冷汤在俄式菜肴中较为多见。奶油汤起源于法国，是用黄油面酱再加牛奶、清汤及一些调味品调制而成的汤类，广州、香港一带称之为“忌廉汤”。奶油汤是基础汤，在此基础上加上各种不同的香料，就可以制成各种奶油汤。蔬菜汤是先用油炒制蔬菜作汤码，然后再加基础汤调制而成的汤类。由于调制时使用的基础汤品种不同，所以口味多变、诱人食欲，作为第一道菜非常适合。海鲜汤是指以各种海鲜为主要汤料，配上一些蔬菜，用鱼基础汤或虾基础汤调制而成的汤类。

练习题

扫描下方二维码进行线上答题。

练习题

模块四

西餐副菜制作

学习目标

素质目标

1. 具备良好的用火安全基本职业素养。
2. 牢固树立“标准”意识，具备推进餐饮标准化建设的基本知识。
3. 具有“各美其美、美美与共”的餐饮文化观，坚定文化自信。
4. 具备较强的“生态道德”，环境保护意识强。
5. 能正确处理“顺境”“逆境”问题。

知识目标

1. 了解西餐副菜的风味特点与用料。
2. 了解西餐副菜的作用和分类情况。
3. 熟悉常见代表性西餐副菜的主料、辅料、调料识别技巧。
4. 掌握常见代表性西餐副菜的工艺流程及要点。
5. 掌握常见代表性西餐副菜的“举一反三”创新的思路。

能力目标

1. 能对小组成员的实训角色进行恰当的分工，并能做好组织、统筹、监督、检查的工作。
2. 能较好运用初加工岗位涉及的洗涤技术、分档取料、切配技术等，依据典型任务实施相关要求做好常见代表性西餐副菜的准备工作。
3. 能够制作常见代表性西餐副菜，且工艺流程、制作步骤、成菜质量等符合相关标准。
4. 通过对常见代表性西餐副菜知识的学习与各代表性菜肴的实训操作，结合当前西餐行业的发展方向及市场需求，能进行创新、开发适合目标客户群体需求的西餐副菜。

任务1 英式炸鱼柳配鞑靼汁

English Fried Fish Fillet with Tartar Sauce

图 4-1-1 英式炸鱼柳配鞑靼汁成品图

英式炸鱼柳配鞑靼汁

任务目标

1. 知道英式炸鱼柳配鞑靼汁所需的主辅调料，并能按标准选用。
2. 掌握英式炸鱼柳配鞑靼汁的生产制作步骤、成品质量标准和安全操作注意事项。
3. 能按照任务实施说明做好各项准备，并独立完成生产制作。

任务描述

依据图 4-1-1“英式炸鱼柳配鞑靼汁成品图”所示，认真研读并熟记英式炸鱼柳配鞑靼汁标准菜谱中所列的用料、制作流程、要点解析、制作步骤等内容，观看本菜品制作过程图片与操作视频，并完成任务分析中的核心问题。

在实训指导老师的指导下，用精益求精、追求卓越的工匠精神，独立生产制作 1 份符合标准的菜品。

任务分析

此菜具有“色泽金黄、香味浓郁、口感外酥里嫩”的特点。英式炸鱼柳是最受英国人欢迎的经典菜肴之一，相较比萨、烤肉串等其他快餐食品，它又是价廉物美的菜品。为高质量地完成本任务，各学员不仅要按照“任务描述”中的要求做好准备，还应认真分析以下几个核心问题：

1. 鳕鱼肉有何特点？
2. 炸制过程如何控制鱼块不要过多地吸收油脂？

<table>
<tr><td rowspan="5">任务实施</td><td>主料辅料调料识别与准备</td><td>主料：鳕鱼柳 200 g（见图 4-1-2）。
辅料：低筋面粉 100 g，玉米淀粉 50 g，啤酒 100 mL，小苏打 5 g，鸡蛋 1 个，酸黄瓜 20 g，洋葱末 20 g，蒜末 10 g，莳萝草 5 g（见图 4-1-3）。
调味料：蛋黄酱 30 g，第戎芥末酱 10 g，柠檬汁 5 g，盐 1 g，黑胡椒粉 1 g（见图 4-1-4）。

图 4-1-2

图 4-1-3

图 4-1-4</td></tr>
<tr><td>流程识读</td><td>腌制鱼柳→调制脆皮糊→调制酱汁→裹糊→炸制→捞出控油→装盘。</td></tr>
<tr><td>要点解析</td><td>1. 粉浆中加入啤酒（或苏打水）会比加入清水更松脆。
2. 鱼肉炸好后用厨房纸吸掉多余油分，会令鱼肉松脆的时间更持久。</td></tr>
<tr><td>依据步骤与图示制作</td><td>步骤 1：鳕鱼柳吸干表面水分，撒上盐、黑胡椒腌制备用（见图 4-1-5）。
步骤 2：取 80 g 低筋面粉，加入玉米淀粉、小苏打和啤酒混合成面糊备用（见图 4-1-6）。
步骤 3：鸡蛋煮熟取蛋白切碎，酸黄瓜切碎后和洋葱末、蒜末、莳萝草末一起加入蛋黄酱、第戎芥末酱和柠檬汁，加入少许盐和黑胡椒调味制成鞑靼汁（见图 4-1-7）。
步骤 4：腌制好的鱼柳裹上面粉后再放入面糊中裹匀（见图 4-1-8）。
步骤 5：油锅加热到 150℃后，下入裹好面糊的鱼柳，炸至金黄捞出控油（见图 4-1-9）。
步骤 6：酱汁画盘，摆上炸好的鱼柳装盘即可完成出品（见图 4-1-10）。</td></tr>
</table>

任务实施

依据步骤与图示制作

图 4-1-5

图 4-1-6

图 4-1-7

图 4-1-8

图 4-1-9

图 4-1-10

拓展创新探究

英式炸鱼作为油炸类菜肴，酱汁的选配可以多样化，如喜欢酸辣的可以把鞑靼汁换成黄芥末汁，喜欢酸甜口味的可以直接搭配番茄酱，配菜也可以搭配炸薯条一起食用。

综合评价

生产制作完成后，由你本人、你所在的小组其他成员和生产制作指导老师组成综合性评价小组，依据标准填写下列评价表。

评价主体	评价要素							合计100%	比例	分值
	实施前		实施中			实施后				
	资料查找10%	任务分析20%	原料准备10%	生产规范20%	成品质量15%	清洁卫生15%	实训报告10%			
自我评价									30%	
小组评价									30%	
老师评价									40%	
总　分									100%	

任务 2 海鲈鱼主菜配柠檬黄油汁

Sea Bass Main Course with Lemon Butter Sauce

图 4-2-1　海鲈鱼主菜配柠檬黄油汁成品图

海鲈鱼主菜配柠檬黄油汁

任务目标

1. 知道海鲈鱼主菜配柠檬黄油汁所需的主辅调料，并能按标准选用。

2. 掌握海鲈鱼主菜配柠檬黄油汁的生产制作步骤、成品质量标准和安全操作注意事项。

3. 能按照任务实施说明做好各项准备，并独立完成生产制作。

任务描述

依据图 4-2-1“海鲈鱼主菜配柠檬黄油汁成品图”所示，认真研读并熟知海鲈鱼主菜配柠檬黄油汁标准菜谱中所列的用料、制作流程、要点解析等内容，观看本菜品制作过程图片与操作视频，并完成任务分析中的核心问题。

在实训指导老师的指导下，用精益求精、追求卓越的工匠精神，独立生产制作 1 份符合标准的菜品。

任务分析

此菜具有“口感细腻、口味鲜美、营养丰富”的特点。本道菜品在鲈鱼的制作中采用了两种烹调手法，是一道赛课融通的菜肴，有一定的技术难度。为高质量地完成本任务，各学员不仅要按照“任务描述”中的要求做好准备，还应认真分析以下几个核心问题：

1. 查询 2023 年全国职业院校技能大赛（高职组）烹饪赛项规程，了解此菜的技术要求。

2. 低温慢煮烹饪技法的运用技巧是什么？

任务实施	主料辅料调料识别与准备	主料：海鲈鱼肉 200 g，土豆 30 g，芦笋 30 g，西兰花 30 g（见图 4-2-2）。 辅料：西葫芦 50 g，胡萝卜 50 g，洋葱 20 g，鸡蛋 1 个，黄面包糠 30 g（见图 4-2-3）。 调味料：黄油 30 g，白葡萄酒 50 mL，柠檬汁 10 g，淡奶油 20 g，白兰地 15 g，盐 2 g，黑胡椒粉 1 g（见图 4-2-4）。
		 图 4-2-2　 图 4-2-3　 图 4-2-4
	流程识读	腌制鱼柳→制鱼蓉→刀工处理→卷制→煮制鱼卷→调制酱汁→煎制鱼柳→卷蔬菜片→改刀→装盘。
	要点解析	1. 制鱼蓉前应把水吸干，搅打要细腻。 2. 煮制鱼卷的水温不宜过高，控制在 80℃左右的温度即可。 3. 装盘、摆盘过程应按照凉菜卫生标准执行，确保不被污染。
	依据步骤与图示制作	步骤 1：鱼柳用盐、黑胡椒等腌制（见图 4-2-5），另一部分制成鱼蓉。 步骤 2：蛋黄、蛋清分别盛装，洋葱切末，胡萝卜、西葫芦刨片，土豆压圆，西兰花切块，芦笋切段，另一部分胡萝卜修成橄形（见图 4-2-6）。 步骤 3：鱼蓉搅打均匀后加入蔬菜末，拌匀后卷成圆柱形（见图 4-2-7），入 80℃水中煮约 25 分钟后将各类蔬菜放入，煮熟捞出调味备用。 步骤 4：起锅烧热后倒入白葡萄酒烧开，然后倒入淡奶油，搅拌均匀后小火收稠（见图 4-2-8），加入柠檬汁和盐调味制成柠檬黄油汁备用。 步骤 5：把鱼柳粘上蛋黄、面包糠后煎至全熟（见图 4-2-9）。 步骤 6：煮好的鱼肉捞出，卷上西葫芦片（见图 4-2-10），修好造型后摆入盘中，再放上煎好的鱼排和配菜，最后淋上酱汁即可完成出品。

任务实施

依据步骤与图示制作

图 4-2-5

图 4-2-6

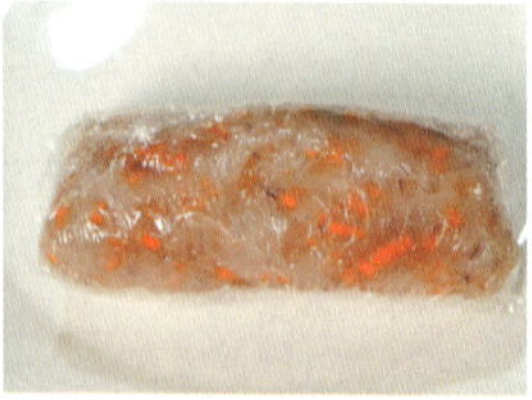

图 4-2-7

图 4-2-8

图 4-2-9

图 4-2-10

拓展创新探究

荷兰汁可以替换成奶油汁、柠檬黄油汁等，配菜也可以更换成圣女果、菠菜叶、胡萝卜等。根据季节性变化调整搭配，能让营养更均衡。

综合评价

生产制作完成后，由你本人、你所在的小组其他成员和生产制作指导老师组成综合性评价小组，依据标准填写下列评价表。

评价主体	评价要素							合计100%	比例	分值
	实施前		实施中			实施后				
	资料查找10%	任务分析20%	原料准备10%	生产规范20%	成品质量15%	清洁卫生15%	实训报告10%			
自我评价									30%	
小组评价									30%	
老师评价									40%	
总　分									100%	

任务 3　铁扒大虾配红酒汁

Grilled Prawns with Red Wine Sauce

图 4-3-1　铁扒大虾配红酒汁成品图

铁扒大虾配红酒汁

任务目标

1. 知道铁扒大虾配红酒汁所需的主辅调料，并能按标准选用。
2. 掌握铁扒大虾配红酒汁的生产制作步骤、成品质量标准和安全操作注意事项。
3. 能按照任务实施说明做好各项准备，并独立完成生产制作。

任务描述

依据图 4-3-1“铁扒大虾配红酒汁成品图”所示，认真研读并熟记铁扒大虾配红酒汁标准菜谱中所列的用料、制作流程、要点解析、制作步骤等内容，观看本菜品制作过程图片与操作视频，并完成任务分析中的核心问题。

在实训指导老师的指导下，用精益求精、追求卓越的工匠精神，独立生产制作 1 份符合标准的菜品。

任务分析

此菜具有“色彩鲜艳，味道咸鲜、香味浓郁、口感外酥里嫩”的特点。虾肉富含优质蛋白质，营养丰富，便于人体吸收，同时该道菜肴是西餐中比较有代表性的海鲜菜肴之一。为高质量地完成本任务，各学员不仅要按照“任务描述”中的要求做好准备，还应认真分析以下几个核心问题：

1. 铁扒技法的操作要点是什么？
2. 哪些环节会直接影响成品质量？

<table>
<tr><td rowspan="5">任务实施</td><td rowspan="2">主料辅料调料识别与准备</td><td>主料：斑节虾 2 只（见图 4-3-2）。
辅料：土豆 50 g，手指萝卜 1 根，青瓜片 10 g，芦笋 30 g，洋葱末 5 g，蒜末 5 g（4-3-3）。
调味料：红葡萄酒 30 mL，白兰地 10 mL，黄油 50 g，布朗基础汤 30 mL，黄油面酱 20 g，盐 1 g，黑胡椒粉 1 g（见图 4-3-4）。</td></tr>
<tr><td>
图 4-3-2

图 4-3-3

图 4-3-4</td></tr>
<tr><td>流程识读</td><td>宰杀大虾—腌制—加工蔬菜—煮制红酒汁—扒制大虾—装盘。</td></tr>
<tr><td>要点解析</td><td>1. 初加工时应剪去虾的触须、腿，从背部剖开。
2. 扒制大虾时温度不宜太高，控制在 180℃左右为宜。
3. 配菜需要焯水至熟，也可以煎至熟透。</td></tr>
<tr><td>依据步骤与图示制作</td><td>步骤 1：大虾去须、去腿从背部剖开，使其腹部相连，洗净沙肠，用盐、胡椒粉和白兰地腌制（见图 4-3-5）。
步骤 2：手指萝卜去皮改刀，芦笋切段和青瓜一起飞水捞出（见图 4-3-6），土豆去皮切块煮透制成土豆泥备用（见图 4-3-7）。
步骤 3：用黄油把洋葱末、蒜末炒香，调入红酒，然后倒入布朗基础汤加入黄油面酱，煮开收稠过滤制成红酒汁备用（见图 4-3-8）。
步骤 4：锅烧热下入黄油和大虾煎扒至熟（见图 4-3-9）。
步骤 5：盘中放入土豆泥，把扒好的大虾摆入其中，再摆上配菜，淋上红酒汁即可完成出品（见图 4-3-10）。</td></tr>
</table>

任务实施

依据步骤与图示制作

图 4-3-5

图 4-3-6

图 4-3-7

图 4-3-8

图 4-3-9

图 4-3-10

拓展创新探究

铁扒大虾是海鲜类菜肴，酱汁的选择比较多样。红酒汁可以更换成黑椒汁，配菜也可以根据季节调整更换其他蔬菜，以解除扒大虾的油腻。

综合评价

生产制作完成后，由你本人、你所在的小组其他成员和生产制作指导老师组成综合性评价小组，依据标准填写下列评价表。

评价主体	评价要素							合计100%	比例	分值
	实施前		实施中			实施后				
	资料查找10%	任务分析20%	原料准备10%	生产规范20%	成品质量15%	清洁卫生15%	实训报告10%			
自我评价									30%	
小组评价									30%	
老师评价									40%	
总　分									100%	

任务 4 芝士培根焗鲜贝

Baked Fresh Scallops with Cheese and Bacon

图 4-4-1 芝士培根焗鲜贝成品图

芝士培根焗鲜贝

任务目标

1. 知道芝士培根焗鲜贝所需的主辅调料，并能按标准选用。
2. 掌握芝士培根焗鲜贝的生产制作步骤、成品质量标准和安全操作注意事项。
3. 能按照任务实施说明做好各项准备，并独立完成生产制作。

任务描述

依据图 4-4-1“芝士培根焗鲜贝成品图”所示，认真研读并熟记芝士培根焗鲜贝标准菜谱中所列的用料、制作流程、要点解析、制作步骤、拓展创新等内容，观看本菜品制作过程图片与操作视频，并完成任务分析中的核心问题。

在实训指导老师的指导下，用精益求精、追求卓越的工匠精神，独立生产制作 1 份符合标准的菜品。

任务分析

此菜具有“色泽金黄、口味咸香、奶香浓郁”的特点。本道菜品荤素搭配合理，选材丰富多样，色彩搭配协调，是一道色香味俱全的海鲜菜肴。为高质量地完成本任务，各学员不仅要按照“任务描述”中的要求做好准备，还应认真分析以下几个核心问题：

1. 选用的鲜贝应是什么标准？
2. 焗制技法的操作要点有哪些？
3. 马苏里拉芝士在口味上有什么特点？

<table>
<tr><td rowspan="5">任务实施</td><td rowspan="2">主料辅料调料识别与准备</td><td>主料：扇贝 200 g，培根 20 g，菠菜 50 g（见图 4-4-2）。
辅料：马苏里拉芝士碎 100 g，干葱头碎 10 g，蒜末 10 g，番芫荽 5 g，苦苣 5 g（见图 4-4-3）。
调味料：黄油 30 g，低筋面粉 20 g，白葡萄酒 20 mL，牛奶 50 mL，奶油 30 mL，柠檬汁 5 g，盐 2 g，胡椒粉 1 g（见图 4-4-4）。</td></tr>
<tr><td> 图 4-4-2　 图 4-4-3　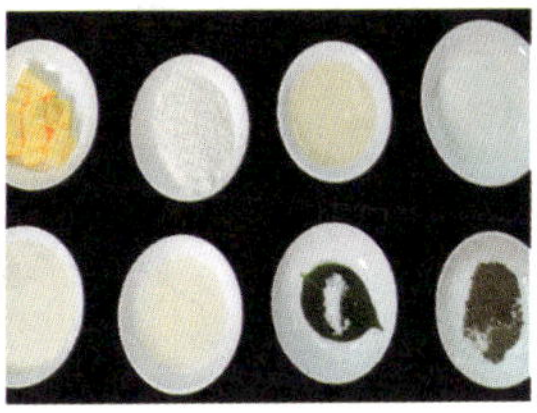 图 4-4-4</td></tr>
<tr><td>流程识读</td><td>处理扇贝→腌制→焯烫菠菜→炒制配菜→焗制扇贝→装盘。</td></tr>
<tr><td>要点解析</td><td>1. 培根使用量要恰当控制，避免“抢味”。
2. 清洗鲜贝时需要把黑褐色的物质清洗干净。
3. 培根本身已有鲜咸味，调味过程需要注意咸味调味品的使用量。</td></tr>
<tr><td>依据步骤与图示制作</td><td>步骤 1：扇贝去壳，用白葡萄酒、柠檬汁、盐、胡椒粉把扇贝腌入味备用（见图 4-4-5）。
步骤 2：菠菜用沸水烫软（见图 4-4-6），番芫荽切成碎末。
步骤 3：锅烧热用黄油把干葱头、大蒜炒香，放入牛奶、面粉、奶油和菠菜，炒至浓稠制成奶油菠菜后取出，摆入盘中垫底（见图 4-4-7）。
步骤 4：另起锅下入黄油、番芫荽碎和扇贝煎熟（见图 4-4-8），再把培根煎出香味后切片，盘中放上菠菜，铺上培根片，再放上炒好的扇贝（见图 4-4-9），最后表面上撒上马苏里拉芝士碎。
步骤 5：下入焗炉焗至芝士表面上色即可取出，点缀苦苣（见图 4-4-10），即可上菜。</td></tr>
</table>

任务实施

依据步骤与图示制作

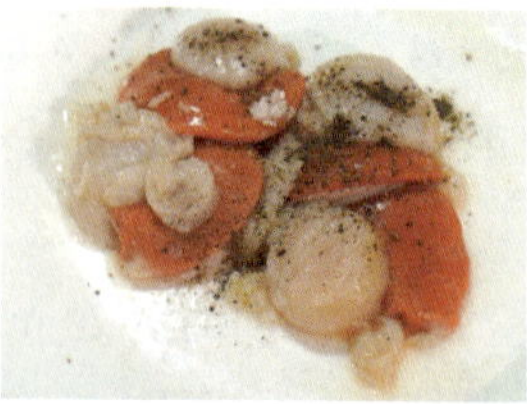
图 4-4-5

图 4-4-6

图 4-4-7

图 4-4-8

图 4-4-9

图 4-4-10

拓展创新探究

依据本食谱，可将奶油菠菜换成时蔬沙拉、土豆泥等，也可根据消费者需求搭配其他酱汁和一些季节性时蔬，也可以把扇贝换成三文鱼制成香煎三文鱼配奶油菠菜等。

综合评价

生产制作完成后，由你本人、你所在的小组其他成员和生产制作指导老师组成综合性评价小组，依据标准填写下列评价表。

评价主体	评价要素							合计100%	比例	分值
	实施前		实施中			实施后				
	资料查找10%	任务分析20%	原料准备10%	生产规范20%	成品质量15%	清洁卫生15%	实训报告10%			
自我评价									30%	
小组评价									30%	
老师评价									40%	
总　分									100%	

任务 5 意式酿鱿鱼配红椒泥

Italian Braised Squid with Red Pepper Paste

图 4-5-1　意式酿鱿鱼配红椒泥成品图

意式酿鱿鱼配红椒泥

任务目标

1. 知道意式酿鱿鱼配红椒泥所需的主辅调料，并能按标准选用。

2. 掌握意式酿鱿鱼配红椒泥的生产制作步骤、成品质量标准和安全操作注意事项。

3. 能按照任务实施说明做好各项准备，并独立完成生产制作。

任务描述

依据图 4-5-1“意式酿鱿鱼配红椒泥成品图”所示，认真研读并熟记意式酿鱿鱼配红椒泥标准菜谱中所列的用料、制作流程、要点解析、制作步骤等内容，观看本菜品制作过程图片与操作视频，并完成任务分析中的核心问题。

在实训指导老师的指导下，用精益求精、追求卓越的工匠精神，独立生产制作 1 份符合标准的菜品。

任务分析

此菜具有“原味突出、香烂味浓、色泽艳丽”的特点，本道菜品讲究突出原料自身味道。为高质量地完成本任务，各学员不仅要按照“任务描述”中的要求做好准备，还应认真分析以下几个核心问题：

1. 初加工时鱿鱼应加工成什么标准？

2. 烤制鱿鱼的过程中应注意什么？

<table>
<tr><td rowspan="6">任务实施</td><td rowspan="2">主料辅料调料识别与准备</td><td>主料：大鱿鱼 1 条（见图 4-5-2）。
辅料：猪肉碎（后腿肉）100 g，红彩椒 50 g，蒜末 10 g，洋葱末 30 g，鸡蛋 1 个，苦苣 10 g（见图 4-5-3）。
调味料：红椒粉 5 g，淡奶油 30 g，黄油 10 g，干白葡萄酒 20 mL，柠檬汁 5 mL，盐 1 g，杂香草 2 g，橄榄油 30 g，黑胡椒粉 10 g（见图 4-5-4）。</td></tr>
<tr><td>
图 4-5-2
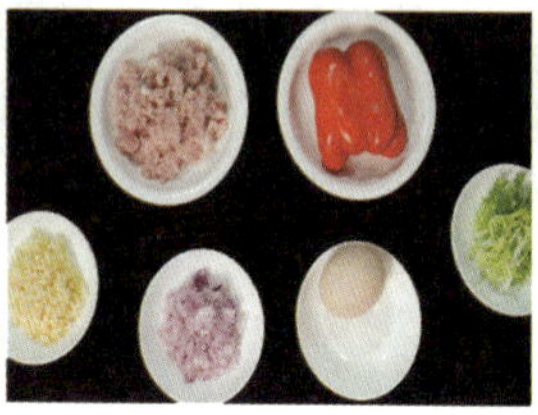
图 4-5-3

图 4-5-4</td></tr>
<tr><td>流程识读</td><td>鱿鱼初加工→制作陷料→搅打红椒泥→烤制鱿鱼→改刀→装盘。</td></tr>
<tr><td>要点解析</td><td>1. 需选用新鲜鱿鱼，加工时按照标准去除污物。
2. 鱿鱼须需要切碎黏附性才好，加工后口感会更佳。
3. 恰当控制烤制温度，避免出现外焦里不熟的问题。</td></tr>
<tr><td>依据步骤与图示制作</td><td>步骤 1：鱿鱼去须、去内脏（见图 4-5-5），鱿鱼须切碎备用（见图 4-5-6）。
步骤 2：猪肉碎打入鸡蛋，加入洋葱、蒜搅拌均匀，放盐、胡椒粉和少量白葡萄酒调味，下入鱿鱼须碎搅拌均匀后塞入鱿鱼筒中，用牙签封口待用（见图 4-5-7）。
步骤 3：红彩椒放入 200℃烤箱烤制 10 分钟，剥去外皮后加入盐、黑胡椒粉、淡奶油、红椒粉、黄油下入料理机打成泥取出（见图 4-5-8）。
步骤 4：烤箱加热到 180℃，把酿好的鱿鱼放进烤盘，烤盘底部刷上橄榄油，鱿鱼淋上白葡萄酒放入烤箱（见图 4-5-9），烤约 30 分钟。
步骤 5：将做好的红椒泥装盘画盘垫底，再把烤好的鱿鱼改刀摆盘（见图 4-5-10），最后点缀淡奶油和苦苣即可完成出品。</td></tr>
</table>

任务实施

依据步骤与图示制作

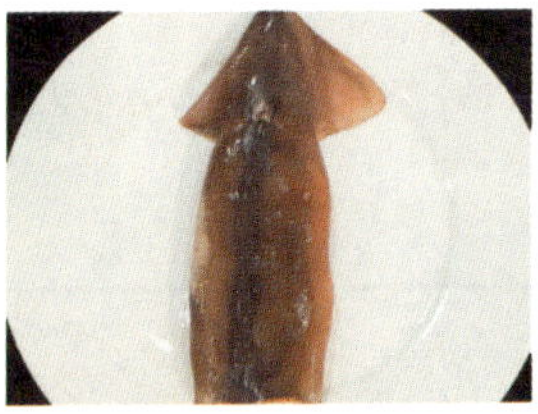

图 4-5-5

图 4-5-6

图 4-5-7

图 4-5-8

图 4-5-9

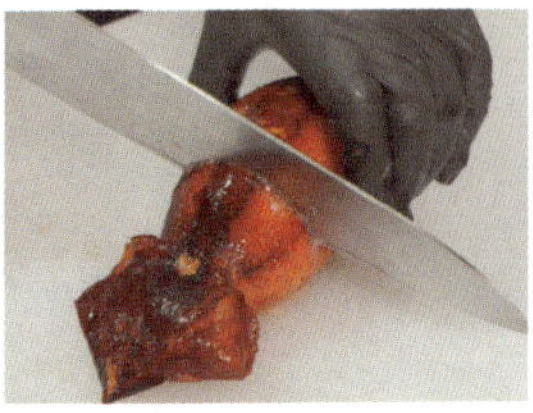

图 4-5-10

拓展创新探究

意式酿鱿鱼可以更换烹调方法，也可以使用焖的烹调方式或蒸煮的烹调方式；肉馅也可以更换为牛肉或者糯米等。

综合评价

生产制作完成后，由你本人、你所在的小组其他成员和生产制作指导老师组成综合性评价小组，依据标准填写下列评价表。

评价主体	评价要素							合计 100%	比例	分值
	实施前		实施中			实施后				
	资料查找 10%	任务分析 20%	原料准备 10%	生产规范 20%	成品质量 15%	清洁卫生 15%	实训报告 10%			
自我评价									30%	
小组评价									30%	
老师评价									40%	
总　分									100%	

任务 6 法式烤鲍鱼配土豆泥

French Grilled Abalone with Mashed Potatoes

图 4-6-1　法式烤鲍鱼配土豆泥成品图

法式烤鲍鱼配土豆泥

任务目标

1. 知道法式烤鲍鱼配土豆泥所需的主辅调料，并能按标准选用。
2. 掌握法式烤鲍鱼配土豆泥的生产制作步骤、成品质量标准和安全操作注意事项。
3. 能按照任务实施说明做好各项准备，并独立完成生产制作。

任务描述

依据图 4-6-1“法式烤鲍鱼配土豆泥成品图”所示，认真研读并熟记法式烤鲍鱼配土豆泥标准菜谱中所列的用料、制作流程、要点解析、制作步骤等内容，观看本菜品制作过程图片与操作视频，并完成任务分析中的核心问题。

在实训指导老师的指导下，用精益求精、追求卓越的工匠精神，独立生产制作 1 份符合标准的菜品。

任务分析

此菜具有“蒜香浓郁、口味咸鲜、口感弹牙”的特点。本菜肴属于现代新式法餐的范畴，不仅着重于味道的细腻，还使人的味觉和视觉都得到美的享受。为高质量地完成本任务，各学员不仅要按照“任务描述”中的要求做好准备，还应认真分析以下几个核心问题：

1. 主料应选用鲜鲍鱼还是罐头鲍鱼？
2. 如何清洗新鲜鲍鱼？

任务实施	主料辅料调料识别与准备	主料：大鲍鱼肉 150 g（见图 4-6-2）。 辅料：土豆 100 g，洋葱末 10 g，青菜椒 50 g，红菜椒 50 g，大蒜末 10 g（见图 4-6-3）。 调味料：白葡萄酒 15 mL，黄油 20 g，牛奶 30 mL，盐 2 g，胡椒粉 2 g（见图 4-6-4）。
		 图 4-6-2  图 4-6-3  图 4-6-4
	流程识读	腌制→切制蔬菜→装入鲍鱼壳→烤制→制土豆泥→装盘。
	要点解析	1. 应选用新鲜鲍鱼，加工时需要清洗掉污物。 2. 调制酱汁的各类蔬菜切成 0.3 cm 左右见方的碎即可。 3. 烤制时需要恰当控制烤制时间与温度。
	依据步骤与图示制作	步骤 1：鲍鱼去壳后改刀，下入盐、黑胡椒和白葡萄酒腌制（见图 4-6-5）。 步骤 2：将青菜椒和红菜椒切碎（见图 4-6-6），与大蒜末、洋葱末拌匀，放盐、黑胡椒粉调味做成黄油酱后抹在鲍鱼肉上（见图 4-6-7）。 步骤 3：烤箱调到 180℃，鲍鱼壳做底，下入涂好酱的鲍鱼烤 8 分钟（见图 4-6-8）。 步骤 4：将土豆去皮切成小块后煮熟压成土豆泥（见图 4-6-9），加入盐、黄油和黑胡椒粉调味取出。 步骤 5：将调好味的土豆泥制成橄榄形放入盘中，摆上烤好的鲍鱼（见图 4-6-10），点缀上装饰物即可完成出品。

任务实施

依据步骤与图示制作

图 4-6-5

图 4-6-6

图 4-6-7

图 4-6-8

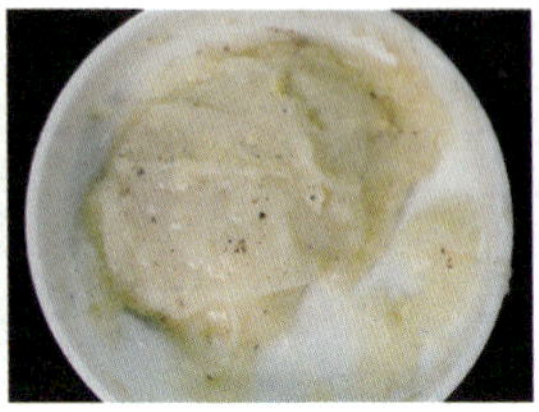
图 4-6-9

图 4-6-10

拓展创新探究

本道法式烤鲍鱼配土豆泥菜品在制作中可以将黄油酱换成马苏里拉芝士、蒜蓉酱等制成芝士鲍鱼或蒜香鲍鱼，也可根据消费者需求搭配时蔬、黑椒汁等。

综合评价

生产制作完成后，由你本人、你所在的小组其他成员和生产制作指导老师组成综合性评价小组，依据标准填写下列评价表。

评价主体	评价要素							合计 100%	比例	分值
	实施前		实施中			实施后				
	资料查找 10%	任务分析 20%	原料准备 10%	生产规范 20%	成品质量 15%	清洁卫生 15%	实训报告 10%			
自我评价									30%	
小组评价									30%	
老师评价									40%	
总　分									100%	

任务 7 意式龙利鱼卷配番茄汁
Italian Longli Fish Rolls with Tomato Sauce

图 4-7-1 意式龙利鱼卷配番茄汁成品图

意式龙利鱼卷配番茄汁

任务目标

1. 知道意式龙利鱼卷配番茄汁所需的主辅调料，并能按标准选用。
2. 掌握意式龙利鱼卷配番茄汁的生产制作步骤、成品质量标准和安全操作注意事项。
3. 能按照任务实施说明做好各项准备，并独立完成生产制作。

任务描述

依据图 4-7-1“意式龙利鱼卷配番茄汁成品图”所示，认真研读并熟悉意式龙利鱼卷配番茄汁标准菜谱中所列的用料、制作流程、要点解析、制作步骤等内容，观看本菜品制作过程图片与操作视频，并完成任务分析中的核心问题。

在实训指导老师的指导下，用精益求精、追求卓越的工匠精神，独立生产制作 1 份符合标准的菜品。

任务分析

此菜具有“色泽红亮、口味咸酸、香味浓郁、营养丰富”的特点。本菜肴以龙利鱼为主要原料制作而成，龙利鱼营养价值极高，高蛋白、低脂肪，再配上酸甜开胃的番茄酱，整体搭配相得益彰。为高质量地完成本任务，各学员不仅要按照“任务描述”中的要求做好准备，还应认真分析以下几个核心问题：

1. 鱼蓉卷制需要用到哪些用具？
2. 此菜采用什么技法加工成熟？需要注意什么？

任务实施	主料辅料调料识别与准备	主料：龙利鱼 200 g（见图 4-7-2）。 辅料：豌豆 30 g，青瓜片 30 g，西芹 10 g，洋葱末 10 g，苦苣 10 g，番芫荽 2 g（见图 4-7-3）。 调味料：黄油 30 g，番茄酱 30 g，淡奶油 10 mL，牛尾高汤 20 g，白葡萄酒 20 mL，盐 2 g，黑胡椒粉 2 g，蛋清 20 g（见图 4-7-4）。 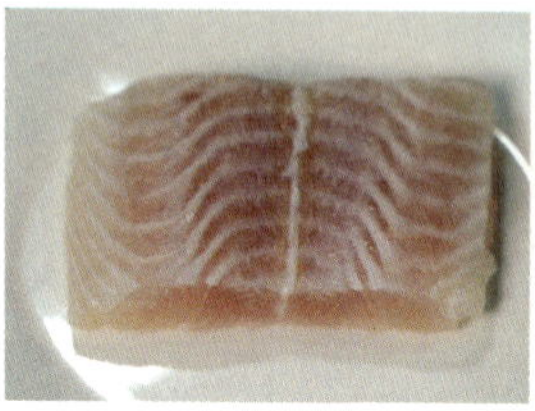 图 4-7-2  图 4-7-3  图 4-7-4
	流程识读	切制→腌制鱼片→调制馅料→蔬菜焯水→卷鱼卷→调制酱汁→装盘。
	要点解析	1. 冰冻龙利鱼含水量大，加工前应充分吸干表面水分。 2. 此鱼卷属于低温慢煮菜肴，应将水温控制在 80℃为宜。 3. 装盘、摆盘可以灵活多样，呈现“自然美”。
	依据步骤与图示制作	步骤 1：取一部分龙利鱼改刀，部分切片，部分制茸，切片的鱼肉加入白葡萄酒、盐、黑胡椒粉调味腌制 10 分钟（见图 4-7-5）。 步骤 2：肉茸用蛋清、淡奶油、盐、白葡萄酒和黑胡椒粉拌匀（见图 4-7-6）。 步骤 3：西芹、洋葱、番芫荽分别切碎，青瓜片和豌豆焯水至熟后捞出装入碟中（见图 4-7-7）。 步骤 4：把西芹、洋葱和番芫荽碎加入鱼茸中搅拌均匀后，铺上保鲜膜，将龙利鱼片包起卷成卷（见图 4-7-8），下入 80℃水中煮 20 分钟取出改刀。 步骤 5：锅烧热下入黄油，倒入番茄酱、牛尾高汤和淡奶油熬制浓稠，加入盐和黑胡椒粉调味制成酱汁（见图 4-7-9）。 步骤 6：熬好的酱汁画底，摆上煮好的鱼肉卷，摆上豌豆粒和青瓜卷，点缀苦苣（见图 4-7-10）即可完成出品。

任务实施

依据步骤与图示制作

图 4-7-5

图 4-7-6

图 4-7-7

图 4-7-8

图 4-7-9

图 4-7-10

拓展创新探究

根据菜谱，本道菜品可以将番茄汁换成黑醋汁、柠檬黄油汁等，即可获得不同口味菜肴；也可根据消费者需求搭配一些季节性的蔬菜等。

综合评价

生产制作完成后，由你本人、你所在的小组其他成员和生产制作指导老师组成综合性评价小组，依据标准填写下列评价表。

评价主体	评价要素							合计100%	比例	分值
	实施前		实施中			实施后				
	资料查找10%	任务分析20%	原料准备10%	生产规范20%	成品质量15%	清洁卫生15%	实训报告10%			
自我评价									30%	
小组评价									30%	
老师评价									40%	
总　分									100%	

模块小结

本模块包含制作西餐副菜中的英式炸鱼柳配鞑靼汁、海鲈鱼主菜配柠檬黄油汁、铁扒大虾配红酒汁、芝士培根焗鲜贝、意式酿鱿鱼配红椒泥、法式烤鲍鱼配土豆泥、意式龙利鱼卷配番茄汁等实训任务。

西餐中的副菜通常是海鲜和鸡肉，因为它们烹煮后是白色的，所以副菜又被称为白肉。副菜一般放在肉类主菜之前，作为口感上的前序和铺垫。海鲜类菜肴品种包括各种贝类及软体动物等，搭配酱汁，质感鲜嫩，口味清爽。

西餐副菜的制作工艺较为复杂，加工方法多种多样。菜肴的搭配应体现科学营养，在原材料的选择上非常讲究，对原材料品质的要求也十分严格。西餐副菜注重健康膳食的理念，突出体现食品自身的颜色和口味，并重视菜肴色彩的协调性和菜肴的装饰效果。

练习题

扫描下方二维码进行线上答题。

练习题

模块五

西餐主菜制作

学习目标

素质目标

1. 具备持之以恒的学习精神。
2. 树立干一行、爱一行、专一行、精一行，精雕细琢的敬业精神。
3. 具有崇尚劳动、热爱劳动、辛勤劳动、诚实劳动的劳动精神。
4. 具备较强的团队协作意识。
5. 养成良好的现代健康餐饮菜品的创新意识。

知识目标

1. 了解西餐主菜的风味特点与用料。
2. 了解西餐主菜的作用、分类情况。
3. 熟悉常见代表性西餐主菜的主料、辅料、调料识别技巧。
4. 掌握常见代表性西餐主菜的工艺流程及要点解析。
5. 掌握常见代表性西餐主菜的“举一反三”创新的思路。

能力目标

1. 能对小组成员的实训角色进行恰当的分工，并能做好组织、统筹、监督、检查的工作。
2. 能较好运用初加工岗位涉及的洗涤技术、分档取料、切配技术等，依据典型任务实施相关要求做好常见代表性西餐主菜的准备工作。
3. 能够制作常见代表性西餐主菜，且工艺流程、制作步骤、成菜质量等符合相关标准。
4. 通过对常见代表性西餐主菜知识的学习与各代表性菜肴的实训操作，结合当前西餐行业的发展方向及市场需求，能进行创新、开发适合目标客户群体需求的西餐主菜。

任务 1 芝士焗猪排

Baked Pork Chop with Cheese

图 5-1-1 芝士焗猪排成品图

芝士焗猪排

任务目标

1. 知道芝士焗猪排所需的主辅调料，并能按标准选用。
2. 掌握芝士焗猪排的生产制作步骤、成品质量标准和安全操作注意事项。
3. 能按照任务实施说明做好各项准备，并独立完成生产制作。

任务描述

依据图 5-1-1“芝士焗猪排成品图”所示，认真研读并熟知芝士焗猪排标准菜谱中所列的用料、制作流程、要点解析、制作步骤、拓展创新等内容，观看本菜品制作过程图片与操作视频，并完成任务分析中的核心问题。

在实训指导老师的指导下，用精益求精、追求卓越的工匠精神，独立生产制作 1 份符合标准的菜品。

任务分析

此菜具有“芝香浓郁，口味酸甜咸鲜”的特点。芝士焗猪排一般会搭配意大利面或者米饭垫底来成菜，并通过番茄酱和芝士的结合，很好的体现了西餐焗类菜肴的经典口味。为高质量地完成本任务，各学员不仅要按照“任务描述”中的要求做好准备，还应认真分析以下几个核心问题：

1. 焗制前，猪排需如何加工？
2. 焗制的温度应在什么范围？焗制时间多长？
3. 为顾客上菜时有哪些方面需要注意？

<table>
<tr><td rowspan="5">任务实施</td><td rowspan="2">主料辅料调料识别与准备</td><td>主料：猪里脊肉 200 g，意大利面条 150 g（见图 5-1-2）。
辅料：马苏里拉芝士碎 50 g，番茄 100 g，葱头末 40 g，大蒜末 30 g（见图 5-1-3）。
调味料：干红葡萄酒 100 mL，黄油 50 g，番茄酱 30 g，盐 2 g，糖 5 g，罗勒 3 g，胡椒粉 1 g（见图 5-1-4）。</td></tr>
<tr><td>
图 5-1-2

图 5-1-3

图 5-1-4</td></tr>
<tr><td>流程识读</td><td>切制猪排→腌制→番茄切丁→制作酱料→煮制意面→煎制猪排→切制猪排→装盘→焗制成菜。</td></tr>
<tr><td>要点解析</td><td>1. 猪排优选含有较多“雪花”的瘦肉。
2. 制作酱汁时，应按照标准熬制足够的时间，确保味道醇厚。
3. 因需要焗制，所以猪排在煎制时以 6 成熟为佳。</td></tr>
<tr><td>依据步骤与图示制作</td><td>步骤 1：把猪里脊肉加工成厚片，撒匀盐、胡椒粉和部分红葡萄酒腌制（见图 5-1-5）。
步骤 2：番茄切丁（见图 5-1-6），用黄油把葱头末、大蒜末炒香，放入番茄丁、番茄酱、干红葡萄酒、罗勒、盐、糖、胡椒粉炒透成酱备用。
步骤 3：意大利面煮好后，加入部分制好的酱汁，炒拌均匀后放入器皿中做底，再盖上剩下的酱料（见图 5-1-7）
步骤 4：用黄油把腌制好的猪排煎上色（见图 5-1-8），煎好的猪排改刀切块，码在意面上（见图 5-1-9），再撒上马苏里拉芝士碎。
步骤 5：最后放入焗炉（见图 5-1-10），焗至芝士表面上色即可完成出品。</td></tr>
</table>

任务实施

依据步骤与图示制作

图 5-1-5

图 5-1-6

图 5-1-7

图 5-1-8

图 5-1-9

图 5-1-10

拓展创新探究

芝士在西餐中的应用非常广泛，特别是焗制类菜肴，较为常见的是番茄和芝士的搭配。如食谱所做，把意大利面换成米饭即可制成“芝士猪排焗饭”，把猪排换成牛排即可制成“芝士焗牛排”等。

综合评价

生产制作完成后，由你本人、你所在的小组其他成员和生产制作指导老师组成综合性评价小组，依据标准填写下列评价表。

评价主体	评价要素							合计100%	比例	分值
	实施前		实施中			实施后				
	资料查找10%	任务分析20%	原料准备10%	生产规范20%	成品质量15%	清洁卫生15%	实训报告10%			
自我评价									30%	
小组评价									30%	
老师评价									40%	
总　分									100%	

任务 2 西冷牛排主菜配黑胡椒汁

Sirloin Steak Main Course with Black Pepper Sauce

图 5-2-1　西冷牛排主菜配黑胡椒汁成品图

西冷牛排主菜配黑胡椒汁

任务目标

1. 知道西冷牛排主菜配黑胡椒汁所需的主辅调料，并能按标准选用。

2. 掌握西冷牛排主菜配黑胡椒汁的生产制作步骤、成品质量标准和安全操作注意事项。

3. 能按照任务实施说明做好各项准备，并独立完成生产制作。

任务描述

依据图 5-2-1“西冷牛排主菜配黑胡椒汁成品图”所示，认真研读并熟记西冷牛排主菜配黑胡椒汁标准菜谱中所列的用料、制作流程、要点解析、制作步骤、拓展创新等内容，观看本菜品制作过程图片与操作视频，并完成任务分析中的核心问题。

在实训指导老师的指导下，用精益求精、追求卓越的工匠精神，独立生产制作 1 份符合标准的菜品。

任务分析

此菜具有“口味咸鲜、香味浓郁”的特点。西冷牛排为牛外脊肉，肉质厚实饱满，口感略有嚼劲。同时本道菜肴还是 2023 年全国职业院校技能大赛烹饪赛场中的西餐规定菜肴。为高质量地完成本任务，各学员不仅要按照“任务描述”中的要求做好准备，还应认真分析以下几个核心问题：

1. 比赛方案中此菜的考核要点是什么？

2. 牛排主菜还可以通过哪些方式呈现？

<table>
<tr>
<td rowspan="5">任务实施</td>
<td>主料辅料调料识别与准备</td>
<td>主料：西冷牛排 300 g（见图 5-2-2）。
辅料：土豆 30 g，胡萝卜 50 g，西兰花 50 g，圣女果 2 个（见图 5-2-3）。
调味料：黄油 50 g，黑胡椒碎 20 g，面酱 20 g，盐 2 g，糖 5 g，干葱末 15 g，蒜末 10 g，香叶 1 片，布朗基础汤 50 mL，红酒 50 mL，淡奶油 20 g，番茄酱 20 g（见图 5-2-4）。
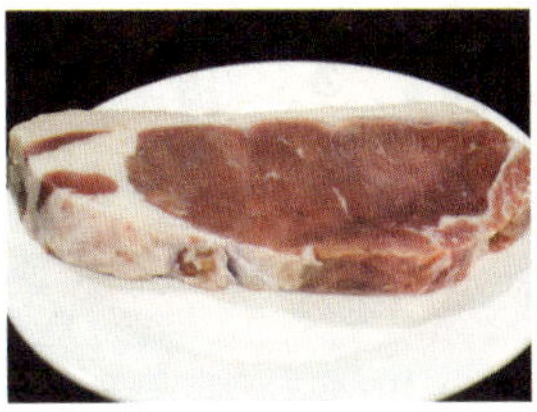
图 5-2-2

图 5-2-3

图 5-2-4</td>
</tr>
<tr>
<td>流程识读</td>
<td>腌制牛排→加工配菜→煎制牛排→熬制酱汁→装盘。</td>
</tr>
<tr>
<td>要点解析</td>
<td>1. 牛排解冻不宜采用微波、水泡等方式。
2. 腌制时间不宜过长，一般控制在 10 分钟以内。
3. 煎制时先大火煎上色再小火煎，以便锁住牛排中的汁水。</td>
</tr>
<tr>
<td>依据步骤与图示制作</td>
<td>步骤 1：西冷牛排用盐、黑胡椒碎、红葡萄酒腌制 10 分钟左右（见图 5-2-5）。
步骤 2：土豆、胡萝卜修成橄榄形，西兰花、圣女果焯水备用（见图 5-2-6）。
步骤 3：热锅下入黄油，放入腌制好的牛排，大火煎制上色后转中小火慢煎制（见图 5-2-7），煎至顾客需要的成熟度即可。
步骤 4：焯好水的配菜下入锅中一起煎扒调味备用（见图 5-2-8）。
步骤 5：锅洗净烧热后下入黑胡椒碎炒香，后加入黄油、蒜末、干葱末炒透（见图 5-2-9），再依次下入红酒、布朗基础汤、番茄酱、淡奶油，烧开后下入黄油、面酱收至浓稠，下入少许盐糖调味备用。
步骤 6：酱汁画盘，把煎好的牛排醒肉，先把配菜摆盘，最后摆上牛排，淋上酱汁即可完成出品（见图 5-2-10）。</td>
</tr>
</table>

任务实施

依据步骤与图示制作

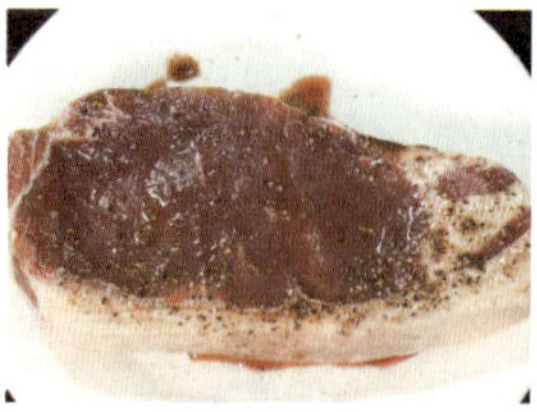

图 5-2-5

图 5-2-6

图 5-2-7

图 5-2-8

图 5-2-9

图 5-2-10

拓展创新探究

牛排品类很多，根据牛肉的不同部位来进行区分，如想要口感比较软嫩的，则可以选用牛里脊肉，也就是菲力牛排，还有眼肉牛排、上脑牛排等。

综合评价

生产制作完成后，由你本人、你所在的小组其他成员和生产制作指导老师组成综合性评价小组，依据标准填写下列评价表。

评价主体	评价要素							合计 100%	比例	分值
	实施前		实施中			实施后				
	资料查找 10%	任务分析 20%	原料准备 10%	生产规范 20%	成品质量 15%	清洁卫生 15%	实训报告 10%			
自我评价									30%	
小组评价									30%	
老师评价									40%	
总　分									100%	

任务 3　威灵顿牛柳

Fillet of Beef Wellington

图 5-3-1　威灵顿牛柳成品图

威灵顿牛柳

任务目标

1. 知道威灵顿牛柳所需的主辅调料，并能按标准选用。
2. 掌握威灵顿牛柳的生产制作步骤、成品质量标准和安全操作注意事项。
3. 能按照任务实施说明做好各项准备，并独立完成生产制作。

任务描述

依据图 5-3-1“威灵顿牛柳成品图”所示，认真研读并熟记威灵顿牛柳标准菜谱中所列的用料、制作流程、要点解析、制作步骤、拓展创新等内容，观看本菜品制作过程图片与操作视频，并完成任务分析中的核心问题。

在实训指导老师的指导下，用精益求精、追求卓越的工匠精神，独立生产制作 1 份符合标准的菜品。

任务分析

此菜具有“外酥里嫩、咸香可口、层次分明”的特点。威灵顿牛柳名字的真正由来其实是为了纪念滑铁卢战役的英雄“威灵顿公爵”。为高质量地完成本任务，各学员不仅要按照“任务描述”中的要求做好准备，还应认真分析以下几个核心问题：

1. 威灵顿牛柳的质量标准是什么？
2. 查询资料，了解此菜的历史文化背景。
3. 焗制的温度与时间在什么范围？

任务实施	主料辅料调料识别与准备	主料：菲力牛柳 400 g，鲜褐菇 150 g，帕尔马火腿片 50 g（见图 5-3-2）。 辅料：酥皮 2 张，洋葱末 50 g，百里香 10 g，蒜末 20 g，蛋黄 2 个（见图 5-3-3）。 调味料：红葡萄酒 100 mL，橄榄油 30 mL，黄油 50 g，布朗基础汤 30 mL，低筋面粉 20 g，黄芥末酱 30 g，黑胡椒碎 2 g，盐 1 g（见图 5-3-4）。  图 5-3-2  图 5-3-3 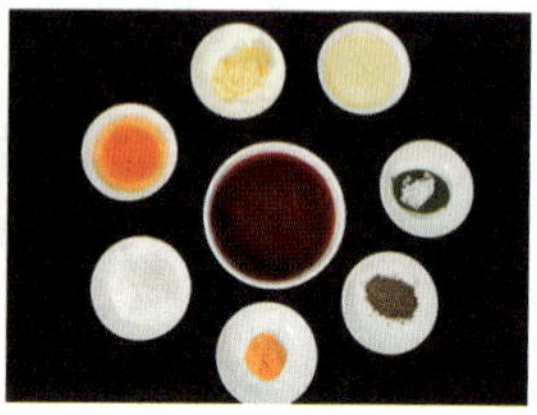 图 5-3-4
	流程识读	腌制牛柳→炒制蔬菜→煎制牛柳→冷藏牛柳→制卷→冷藏→刷蛋液→烤制→“醒肉”→调酱汁→装盘。
	要点解析	1. 在选择牛柳时，要选择肉质鲜嫩、纹理清晰、脂肪分布均匀的牛柳。 2. 香料通常包括迷迭香、百里香、黑胡椒、大蒜等，这些香料可以为牛柳增添特殊的香味。
	依据步骤与图示制作	步骤 1：牛柳吸干水分，下入盐、黑胡椒碎腌制 10 分钟备用（见图 5-3-5）。 步骤 2：将褐菇末、洋葱末、蒜末、百里香入锅中炒香、炒干（见图 5-3-6）。 步骤 3：牛柳煎上色后取出，刷上黄芥末酱后裹上保鲜膜（见图 5-3-7），冷藏 1 小时。取一块酥皮擀薄后刷上蛋黄液，再均匀地铺上帕尔马火腿片、炒好的蔬菜（见图 5-3-8），放上牛柳，再卷上保鲜膜继续冷藏 1 小时。 步骤 4：将冷藏好的牛柳卷取出，放在烤盘上，在表面均匀刷上蛋黄液，再取一张酥皮铺盖在牛柳卷上，塑形后再次刷上蛋黄液（见图 5-3-9），放入烤箱，210℃烤 25 分钟即可取出醒肉。 步骤 6：热锅下入红葡萄酒、布朗基础汤，加入黄油面酱增稠后调入盐和糖调味，调成酱汁（见图 5-3-10），酱汁淋盘底，烤好的牛柳切件摆盘即可。

任务实施

依据步骤与图示制作

图 5-3-5

图 5-3-6

图 5-3-7

图 5-3-8

图 5-3-9

图 5-3-10

拓展创新探究

威灵顿牛柳是一道以牛柳为主料制成的牛肉主菜，搭配香菇、火腿、酥皮等，口感外酥里嫩，咸香可口，同时牛柳也可以直接煎制成菜，如“菲力牛柳”等。

综合评价

生产制作完成后，由你本人、你所在的小组其他成员和生产制作指导老师组成综合性评价小组，依据标准填写下列评价表。

评价主体	评价要素							合计100%	比例	分值
	实施前		实施中			实施后				
	资料查找10%	任务分析20%	原料准备10%	生产规范20%	成品质量15%	清洁卫生15%	实训报告10%			
自我评价									30%	
小组评价									30%	
老师评价									40%	
总　分									100%	

任务4 爱尔兰炖羊肉
Irish Stew

图 5-4-1　爱尔兰炖羊肉成品图

爱尔兰炖羊肉

任务目标

1. 知道爱尔兰炖羊肉所需的主辅调料，并能按标准选用。
2. 掌握爱尔兰炖羊肉的生产制作步骤、成品质量标准和安全操作注意事项。
3. 能按照任务实施说明做好各项准备，并独立完成生产制作。

任务描述

依据图 5-4-1“爱尔兰炖羊肉成品图”所示，认真研读并熟记爱尔兰炖羊肉标准菜谱中所列的用料、制作流程、要点解析、制作步骤、拓展创新等内容，观看本菜品制作过程图片与操作视频，并完成任务分析中的核心问题。

在实训指导老师的指导下，用精益求精、追求卓越的工匠精神，独立生产制作1份符合标准的菜品。

任务分析

此菜具有“口感软糯、香味浓郁、色彩艳丽”的特点。此菜很好地吸收和保留了羊肉与配菜的营养价值，因此本道菜品不仅口味鲜美，还有很高的营养价值和食疗作用。为高质量地完成本任务，各学员不仅要按照“任务描述”中的要求做好准备，还应认真分析以下几个核心问题：

1. 查询资料，了解爱尔兰菜肴的风味特点。
2. 制作此菜宜采用什么部位的羊肉？
3. 西餐“炖”制与中餐“炖”制在技法上有何区别？

任务实施	主料辅料调料识别与准备	主料：羊肉 300 g（见图 5-4-2）。 辅料：培根 1 片，蒜末 20 g，洋葱 50 g，胡萝卜 100 g，西芹 50 g，土豆 150 g，百里香 10 g，香叶 2 张（见图 5-4-3）。 调味料：白葡萄酒 50 g，牛尾高汤 30 g，黄油面酱 20 g，盐 2 g，糖 5 g，黑胡椒粉 2 g（见图 5-4-4）。
		 图 5-4-2  图 5-4-3  图 5-4-4
	流程识读	刀工处理→腌制羊肉→煎制羊肉→炖制→调味→装盘。
	要点解析	1. 如果需要浓稠的口感，可以尝试加入一些大麦，可增加额外丰富的味道。 2. 先炖肉后煮蔬菜，按照顺序来就会有口感合适的肉块和足味的肉汤，根茎菜的口感也可以轻松控制。
	依据步骤与图示制作	步骤 1：培根切丁，洋葱一部分切碎，另外一部分切大块，胡萝卜和土豆去皮洗净后切滚刀块，西芹切段备用（见图 5-4-5）。 步骤 2：羊肉切块，用盐、黑胡椒粉和少量白葡萄酒腌制（见图 5-4-6）。 步骤 3：起锅将羊肉煎至上色取出（见图 5-4-7），锅内留少量油。 步骤 4：下入洋葱丁、蒜末、培根，炒至金黄后下入羊肉，翻炒均匀后加入牛尾高汤和没过羊肉的清水，烧开倒入汤锅中，盖上盖子炖煮 1.5 小时（见图 5-4-8）。 步骤 5：煮好的羊肉汤锅下入备好的胡萝卜、土豆、西芹、洋葱块、百里香、白葡萄酒和香叶、盐、糖、黑胡椒粉继续炖煮（见图 5-4-9），20 分钟后倒入黄油面酱至汁水浓稠。 步骤 6：炖好后即可摆盘出品（见图 5-4-10）。

任务实施

依据步骤与图示制作

图 5-4-5

图 5-4-6

图 5-4-7

图 5-4-8

图 5-4-9

5-4-10

拓展创新探究

炖菜类菜肴不仅味道鲜美，还能很好地保留菜肴的营养，因此可以运用在不同的食材中，例如“萝卜炖牛腩”则是以萝卜和牛腩为主料制作而成的一道西餐炖菜。

综合评价

生产制作完成后，由你本人、你所在的小组其他成员和生产制作指导老师组成综合性评价小组，依据标准填写下列评价表。

评价主体	评价要素							合计 100%	比例	分值
	实施前		实施中			实施后				
	资料查找 10%	任务分析 20%	原料准备 10%	生产规范 20%	成品质量 15%	清洁卫生 15%	实训报告 10%			
自我评价									30%	
小组评价									30%	
老师评价									40%	
总　分									100%	

任务 5 红酒烩兔肉

Braised Rabbit Cooked in Red Wine

图 5-5-1　红酒烩兔肉成品图

红酒烩兔肉

任务目标

1. 知道红酒烩兔肉所需的主辅调料，并能按标准选用。
2. 掌握红酒烩兔肉的生产制作步骤、成品质量标准和安全操作注意事项。
3. 能按照任务实施说明做好各项准备，并独立完成生产制作。

任务描述

依据图 5-5-1“红酒烩兔肉成品图”所示，认真研读并熟记红酒烩兔肉标准菜谱中所列的用料、制作流程、要点解析、制作步骤、拓展创新等内容，观看本菜品制作过程图片与操作视频，并完成任务分析中的核心问题。

在实训指导老师的指导下，用精益求精、追求卓越的工匠精神，独立生产制作 1 份符合标准的菜品。

任务分析

此菜具有“口感软糯、酒香浓郁”的特点。兔肉属于高蛋白、低脂肪的食材，具有很高的营养价值。本道菜品同时还加入了红酒、胡萝卜、洋葱等时蔬，营养搭配合理，适合各类人群食用。为高质量地完成本任务，各学员不仅要按照“任务描述”中的要求做好准备，还应认真分析以下几个核心问题：

1. 选带皮还是不带皮的兔肉？
2. 烩制时如何控制所有主辅食材的成熟时间？
3. 红酒的含糖量是否有要求？

<table>
<tr><td rowspan="6">任务实施</td><td rowspan="2">主料辅料调料识别与准备</td><td>主料：兔肉 300 g（见图 5-5-2）。
辅料：胡萝卜 150 g，洋葱 50 g，西芹 50 g，口蘑 30 g，百里香 5 g，蒜末 10 g（见图 5-5-3）。
调味料：红葡萄酒 150 mL，布朗基础汤 50 mL，黄油 30 g，白兰地 20 mL，黄油面酱 20 g，盐 2 g，黑胡椒粉 1 g（见图 5-5-4）。</td></tr>
<tr><td>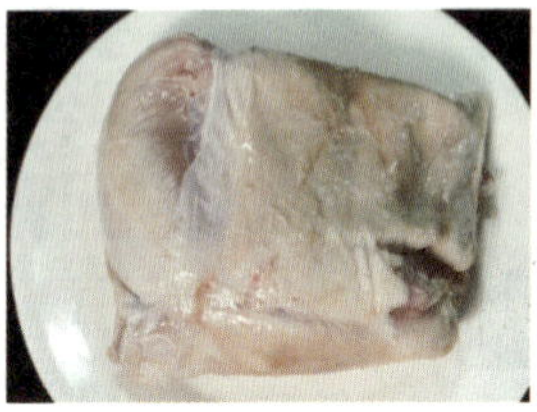
图 5-5-2

图 5-5-3

图 5-5-4</td></tr>
<tr><td>流程识读</td><td>兔肉切块→腌制兔肉→蔬菜切块→烩制→调节稠度→调味→装盘。</td></tr>
<tr><td>要点解析</td><td>1. 选择新鲜的兔肉，确保其肉质鲜嫩、口感好。
2. 兔肉清洗干净，并用刀将其表面的脏物刮干净。
3. 选择合适的红酒，其中最重要的是年份，因为年份较长的葡萄酒能够更好地体现兔肉的风味。</td></tr>
<tr><td>依据步骤与图示制作</td><td>步骤 1：兔肉切块，加入白兰地、盐、黑胡椒粉腌制备用（见图 5-5-5）。
步骤 2：胡萝卜去皮切块，洋葱切块，口蘑切块，西芹切段备用（见图 5-5-6）。
步骤 3：锅中下入黄油，加热后放入蒜末、百里香和口蘑，一起煸炒出香味后下入腌好的兔肉一起煸炒（见图 5-5-7）。
步骤 4：炒上色后下入胡萝卜、洋葱、西芹再次炒香（见图 5-5-8），后加入红葡萄酒和布朗基础汤。
步骤 5：煮至快收汁时加入黄油面酱（见图 5-5-9）进行收稠，后调入盐、黑胡椒粉进行调味（见图 5-5-10），即可装盘出品。</td></tr>
</table>

任务实施

依据步骤与图示制作

图 5-5-5

图 5-5-6

图 5-5-7

图 5-5-8

图 5-5-9

图 5-5-10

拓展创新探究

西餐烩菜类菜肴选材广泛多样，如食谱所做，可将菜谱中的兔肉换成牛肉、羊肉等，制成“红酒烩牛肉”或者“红酒烩羊肉”等，通过不同的主料变换能带来不同的菜肴口味。

综合评价

生产制作完成后，由你本人、你所在的小组其他成员和生产制作指导老师组成综合性评价小组，依据标准填写下列评价表。

评价主体	评价要素							合计100%	比例	分值
	实施前		实施中			实施后				
	资料查找10%	任务分析20%	原料准备10%	生产规范20%	成品质量15%	清洁卫生15%	实训报告10%			
自我评价									30%	
小组评价									30%	
老师评价									40%	
总分									100%	

任务 6 迷迭香煎羊排配莎莎酱
Fried Lamb Chops with Rosemary Sauce

图 5-6-1 迷迭香煎羊排配莎莎酱成品图

迷迭香煎羊排配莎莎酱

任务目标

1. 知道迷迭香煎羊排配莎莎酱所需的主辅调料，并能按标准选用。
2. 掌握迷迭香煎羊排配莎莎酱的生产制作步骤、成品质量标准和安全操作注意事项。
3. 能按照任务实施说明做好各项准备，并独立完成生产制作。

任务描述

依据图 5-6-1“迷迭香煎羊排配莎莎酱成品图”所示，认真研读并熟知迷迭香煎羊排配莎莎酱标准菜谱中所列的用料、制作流程、要点解析、制作步骤等内容，观看本菜品制作过程图片与操作视频，并完成任务分析中的核心问题。

在实训指导老师的指导下，用精益求精、追求卓越的工匠精神，独立生产制作 1 份符合标准的菜品。

任务分析

此菜具有“口感层次丰富、香味浓郁、酱汁口味咸酸可口”的特点。此菜采用西餐特色香草迷迭香来搭配羊肉，在去腥增香的同时还增添更独特的味道。为高质量地完成本任务，各学员不仅要按照“任务描述”中的要求做好准备，还应认真分析以下几个核心问题：

1. 新鲜迷迭香与干迷迭香有何区别?
2. 煎制羊排的技术要点有哪些?

<table>
<tr>
<td rowspan="4">任务实施</td>
<td>主料辅料调料识别与准备</td>
<td>主料：带骨羊小排 300 g（见图 5-6-2）。
辅料：土豆 50 g，手指萝卜 1 根，西兰花 30 g，豌豆 20 g，迷迭香 5 g，洋葱末 30 g，蒜末 15 g，番茄碎 30 g，法香碎 2 g（见图 5-6-3）。
调味料：白兰地 15 mL，橄榄油 50 mL，盐 2 g，黑胡椒粉 2 g，柠檬汁 10 mL（见图 5-6-4）。
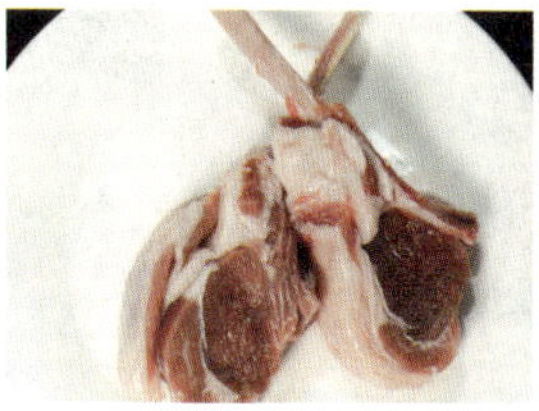
图 5-6-2

图 5-6-3

图 5-6-4</td>
</tr>
<tr>
<td>流程识读</td>
<td>腌制→加工蔬菜→调制酱汁→煎制→配菜焯水→装盘。</td>
</tr>
<tr>
<td>要点解析</td>
<td>1. 腌制羊排时，可以放入冰箱冷藏腌制 2 小时左右，更入味。
2. 煎的过程中，要恰当控制火力，避免迷迭香和黑胡椒因温度过高而变焦 。</td>
</tr>
<tr>
<td>依据步骤与图示制作</td>
<td>步骤 1：羊排用迷迭香、盐、黑胡椒粉和白兰地进行腌制（见图 5-6-5）。
步骤 2：土豆去皮修成橄榄形，手指萝卜去皮，西兰花切小朵，豌豆洗净，一起焯水捞出（见图 5-6-6）。
步骤 3：洋葱末、蒜末、番茄碎加上橄榄油、盐、黑胡椒粉、法香碎和柠檬汁调成莎莎酱备用（见图 5-6-7）。
步骤 4：锅烧热后放入橄榄油，然后放入羊排煎制，待羊排上色后转小火慢煎至顾客所需要的成熟度（见图 5-6-8）。
步骤 5：锅内下焯好水的配菜，调入盐、黑胡椒粉进行调味（见图 5-6-9）。
步骤 6：最后把做好的配菜和羊排进行摆盘（见图 5-6-10），配上莎莎酱即可上菜。</td>
</tr>
</table>

任务实施

依据步骤与图示制作

图 5-6-5

图 5-6-6

图 5-6-7

图 5-6-8

图 5-6-9

图 5-6-10

拓展创新探究

在西餐中，羊肉的运用是非常广泛的。除了常见的香煎以外，还会以烩、炖、烤等方式呈现，例如羊肉搭配红酒，菜肴以烩为烹饪方法即可制成“红酒烩羊肉”等。

综合评价

生产制作完成后，由你本人、你所在的小组其他成员和生产制作指导老师组成综合性评价小组，依据标准填写下列评价表。

评价主体	评价要素							合计 100%	比例	分值
	实施前		实施中			实施后				
	资料查找 10%	任务分析 20%	原料准备 10%	生产规范 20%	成品质量 15%	清洁卫生 15%	实训报告 10%			
自我评价									30%	
小组评价									30%	
老师评价									40%	
总分									100%	

任务 7　铁扒西冷配辣根汁

Grilled Sirloin with Horseradish Sauce

图 5-7-1　铁扒西冷配辣根汁成品图

铁扒西冷配辣根汁

任务目标

1. 知道铁扒西冷配辣根汁所需的主辅调料，并能按标准选用。

2. 掌握铁扒西冷配辣根汁的生产制作步骤、成品质量标准和安全操作注意事项。

3. 能按照任务实施说明做好各项准备，并独立完成生产制作。

任务描述

依据图 5-7-1“铁扒西冷配辣根汁成品图”所示，认真研读并熟知铁扒西冷配辣根汁标准菜谱中所列的用料、制作流程、要点解析、制作步骤等内容，观看本菜品制作过程图片与操作视频，并完成任务分析中的核心问题。

在实训指导老师的指导下，用精益求精、追求卓越的工匠精神，独立生产制作 1 份符合标准的菜品。

任务分析

此菜具有“肉香浓郁、口感厚实、口味咸鲜”的特点。此菜采用西餐常用的“铁扒”烹饪技法加工制作，由于铁扒方法温度高、时间短，能使原料表面迅速碳化，而原料内部的水分流失少，所以用铁扒的方法制作出的菜肴具有明显的焦香味，并有鲜嫩多汁的特点。为高质量地完成本任务，各学员不仅要按照“任务描述”中的要求做好准备，还应认真分析以下几个核心问题：

1. 西冷牛排是牛身上哪个部位的肉？

2. 煎制牛排的关键是什么？

3. 装盘时，对盛菜碟有什么要求？

<table>
<tr><td rowspan="5">任务实施</td><td>主料辅料调料识别与准备</td><td>主料：厚切西冷牛排 300 g（见图 5-7-2）。
辅料：手指萝卜 1 根，小青瓜 50 g，西兰花 30 g，芦笋 30 g（见图 5-7-3）。
调味料：黄油 20 g，盐 3 g，青芥末 10 g，苹果醋 20 g，蛋黄酱 20 g，黄芥末酱 5 g，蜂蜜 10 g，柠檬汁 5 g，黑胡椒碎 2 g（见图 5-7-4）。
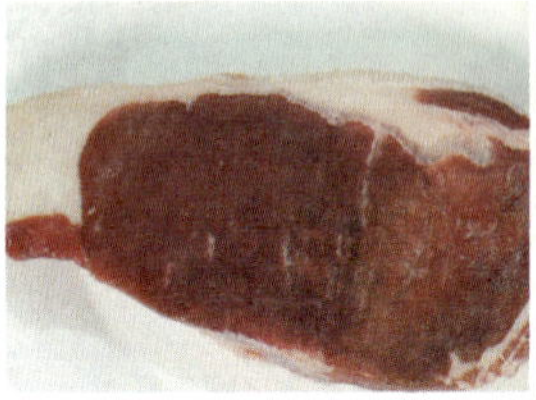
图 5-7-2

图 5-7-3

图 5-7-4</td></tr>
<tr><td>流程识读</td><td>吸水→腌制→调酱汁→加工蔬菜→煎制牛排→“醒肉”→改刀装盘。</td></tr>
<tr><td>要点解析</td><td>1. 需要选择表面呈现出明显红色和肉质坚实、多汁的牛排。
2. 将牛排从冰箱里取出，让其稍微回温，可以让牛排的肉质更加鲜嫩。
3. 煎是制作西冷牛排的重要步骤，需要使用正确的火候和时间。</td></tr>
<tr><td>依据步骤与图示制作</td><td>步骤 1：厚切西冷牛排吸干表面水分后下入盐和黑胡椒碎涂抹均匀，腌制 10 分钟（见图 5-7-5）。
步骤 2：蛋黄酱加入青芥末、黄芥末酱、苹果醋、柠檬汁和蜂蜜调味做成辣根酱备用（见图 5-7-6）。
步骤 3：手指萝卜去皮改刀，青瓜刨片，西兰花切小朵，芦笋切段，焯水扒熟调味备用（见图 5-7-7）。
步骤 4：平底锅烧热后放入腌好的牛排，大火煎制各面锁水上色（见图 5-7-8）后放入 180℃烤箱（见图 5-7-9），烤 6 分钟后取出醒肉 1 分钟备用。
步骤 5：醒好的牛排改刀装盘，搭配做好的配菜淋上辣根酱（见图 5-7-10），即可完成出品。</td></tr>
</table>

任务实施

依据步骤与图示制作

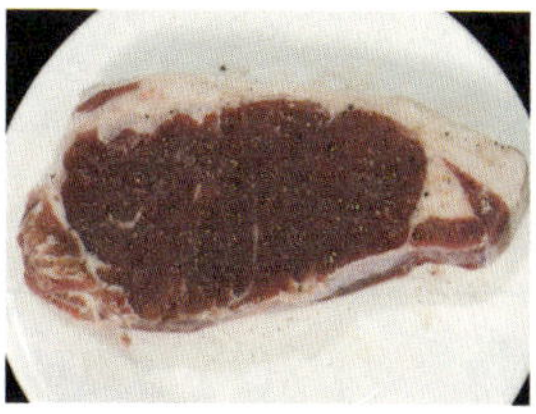

图 5-7-5

图 5-7-6

图 5-7-7

图 5-7-8

图 5-7-9

图 5-7-10

拓展创新探究

辣根酱味酸辣回甜，适合搭配油脂较多，较为油腻的菜肴，除了搭配牛排，还可以搭配煎鸭胸和羊排等，可以根据不同的消费场景进行适配。

综合评价

生产制作完成后，由你本人、你所在的小组其他成员和生产制作指导老师组成综合性评价小组，依据标准填写下列评价表。

评价主体	评价要素							合计 100%	比例	分值
	实施前		实施中			实施后				
	资料查找 10%	任务分析 20%	原料准备 10%	生产规范 20%	成品质量 15%	清洁卫生 15%	实训报告 10%			
自我评价									30%	
小组评价									30%	
老师评价									40%	
总　分									100%	

任务 8 香橙鸭胸

Orange Duck Breast

图 5-8-1　香橙鸭胸成品图

香橙鸭胸

任务目标	1. 知道香橙鸭胸所需的主辅调料，并能按标准选用。 2. 掌握香橙鸭胸的生产制作步骤、成品质量标准和安全操作注意事项。 3. 能按照任务实施说明做好各项准备，并独立完成生产制作。
任务描述	依据图 5-8-1“香橙鸭胸成品图”所示，认真研读并熟知香橙鸭胸标准菜谱中所列的用料、制作流程、要点解析、制作步骤、拓展创新等内容，观看本菜品制作过程图片与操作视频，并完成任务分析中的核心问题。 在实训指导老师的指导下，用精益求精、追求卓越的工匠精神，独立生产制作 1 份符合标准的菜品。
任务分析	此菜具有“色彩鲜艳，口味咸鲜、酱汁略带酸甜”的特点。香橙鸭胸是法餐中较为常见的餐桌菜肴之一，因其肉厚多汁，荤素搭配合理，营养丰富而备受欢迎。为高质量地完成本任务，各学员不仅要按照“任务描述”中的要求做好准备，还应认真分析以下几个核心问题： 1. 鸭胸肉可以选择熟度的成数吗？ 2. 熬制香橙汁的工艺流程是什么？ 3. 白兰地应如何运用才能达到去异增香的目的？

<table>
<tr><td rowspan="5">任务实施</td><td rowspan="2">主料辅料调料识别与准备</td><td>主料：带皮鸭胸 150 g（见图 5-8-2）。
辅料：香橙 50 g，青瓜 50 g，圣女果 2 颗，口蘑 1 颗，百里香 5 g，蒜末 10 g，干葱碎 20 g（见图 5-8-3）。
调味料：白兰地 15 mL，黄油 20 g，蜂蜜 10 g，牛尾高汤 50 mL，盐 1 g，糖 3 g，黑胡椒碎 1 g（见图 5-8-4）。</td></tr>
<tr><td>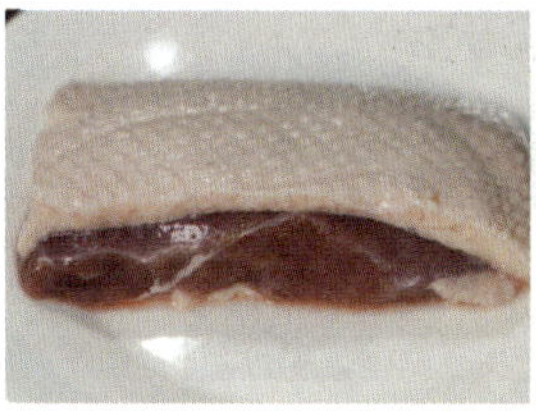
图 5-8-2

图 5-8-3
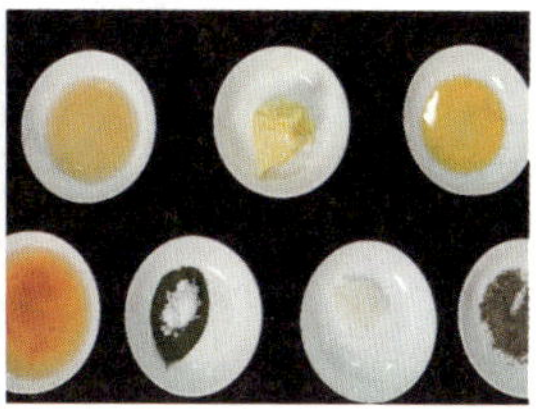
图 5-8-4</td></tr>
<tr><td>流程识读</td><td>打花刀→腌制→加工蔬菜→煎制鸭胸→烤制→熬制酱汁→改刀装盘。</td></tr>
<tr><td>要点解析</td><td>1. 橙汁用鲜榨橙汁最好。
2. 鸭胸肉一般要求全熟，烘烤时间按原料大小、烤箱温度情况来灵活增减。
3. 腌制时，食盐可以少用，以免鸭肉在烹调过程中发紧，从而影响口感。</td></tr>
<tr><td>依据步骤与图示制作</td><td>步骤 1：鸭胸打花刀后用调料腌制（见图 5-8-5）。
步骤 2：香橙取 1 小块去皮备用，剩下挤汁备用（见图 5-8-6）。
步骤 3：口蘑、圣女果打花刀，青瓜刨片，飞水断生后，热锅放入黄油，化开后下入橙肉和口蘑、圣女果、青瓜片煎扒，调入盐和黑胡椒碎备用（见图 5-8-7）。
步骤 4：锅加热下入黄油，放上鸭胸，煎制上色后取出，放在用百里香、干葱碎、蒜末垫底的烤盘中（见图 5-8-8），入 180℃烤箱烤约 8 分钟取出。
步骤 5：锅内下入黄油、橙汁、蜂蜜、牛尾高汤和糖一起煮制（见图 5-8-9），浓稠收汁取出备用。
步骤 6：最后把醒好的鸭胸改刀（见图 5-8-10），与扒好的配菜一起搭配摆盘，淋上调好的酱汁即可完成出品。</td></tr>
</table>

任务实施

依据步骤与图示制作

图 5-8-5

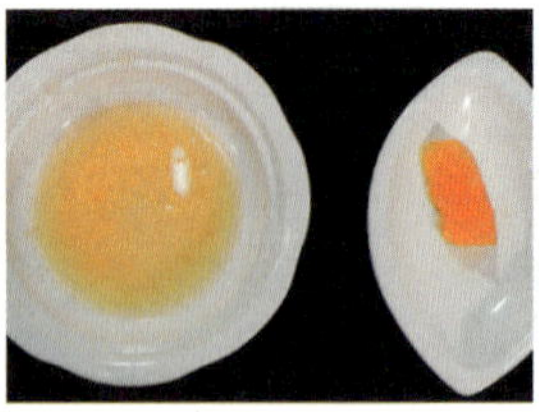

图 5-8-6

图 5-8-7

图 5-8-8

图 5-8-9

图 5-8-10

拓展创新探究

鸭胸主菜在法餐中较为常见，也可把鸭胸换成鸡胸，配菜也可以根据实际需求进行搭配，如“香煎鸡扒”等；也可在酱汁搭配上进行调整，如喜欢咸味酱汁可以搭配黑椒汁等。

综合评价

生产制作完成后，由你本人、你所在的小组其他成员和生产制作指导老师组成综合性评价小组，依据标准填写下列评价表。

评价主体	评价要素							合计 100%	比例	分值
	实施前		实施中			实施后				
	资料查找 10%	任务分析 20%	原料准备 10%	生产规范 20%	成品质量 15%	清洁卫生 15%	实训报告 10%			
自我评价									30%	
小组评价									30%	
老师评价									40%	
总　分									100%	

模块小结

本模块包含制作西餐主菜中的芝士焗猪排、西冷牛排主菜配黑椒汁、威灵顿牛柳、爱尔兰炖羊肉、红酒烩兔肉、迷迭香煎羊排配莎莎酱、铁扒西冷配辣根汁、香橙鸭胸等实训任务。

西餐主菜的种类繁多，不同的国家、地区和文化背景下主菜的种类也各不相同。但一般来说，西餐主菜通常指的是以肉类为主的菜品的组合。在欧洲和美国，主菜的主要成分通常是牛肉、猪肉、羊肉等，其中，牛排、烤猪排和烤肉串非常受欢迎。

西餐的主菜是西餐全套菜的精华和高潮所在，既讲究色、香、味、形，又注重营养价值。其他菜肴都可视为其铺垫和补充。主菜的烹调方法常用烤、煎等，配用的调味汁主要有西班牙汁、浓烧汁、蘑菇汁、白尼丝汁等。加工牛排时，需要询问加工成熟程度，可依客人喜欢的成熟度进行加工。牛排一般分三成熟、五成熟和七成熟。好的牛排，建议三成熟或五成熟这样最能品尝出牛肉本身汁水充溢的口感，切忌超过七成熟。

总的来说，西餐主菜需要严格按照烹饪方法制作，而最终的食物呈现也充满着诱人又难以抵抗的香味。

练习题

扫描下方二维码进行线上答题。

练习题

模块六

西式早餐制作

学习目标

素质目标

1. 具备爱岗敬业、争创一流，艰苦奋斗、勇于创新，淡泊名利、甘于奉献的劳模精神。
2. 树立与时俱进的创新学习、批判学习意识。
3. 具有较强的食品卫生安全意识和良好的操作习惯。
4. 具备持之以恒学习、深入思考、温故知新等良好学习习惯。
5. 具备自我剖析和一定的抗压能力。

知识目标

1. 了解西式早餐的风味特点与用料。
2. 了解西式早餐的作用、分类情况。
3. 熟悉常见代表性西式早餐的主料、辅料、调料识别技巧。
4. 掌握常见代表性西式早餐的工艺流程及要点解析。
5. 掌握常见代表性西式早餐的“举一反三”创新的思路。

能力目标

1. 能对小组成员的实训角色进行恰当的分工，并能做好组织、统筹、监督、检查的工作。
2. 能较好运用初加工岗位涉及的洗涤技术、分档取料、切配技术等，依据典型任务实施相关要求做好常见代表性西式早餐的准备工作。
3. 能够制作常见代表性西式早餐，且工艺流程、制作步骤、成菜质量等符合相关标准。
4. 通过对常见代表性西式早餐知识的学习与各代表性菜肴的实训操作，结合当前西式早餐的发展方向及市场需求，能进行创新、开发适合目标客户群体需求的西式早餐。

任务 1　洋葱培根欧姆蛋

Onion Bacon Ohm Egg

图 6-1-1　洋葱培根欧姆蛋成品图

洋葱培根欧姆蛋

任务目标

1. 知道洋葱培根欧姆蛋所需的主辅调料，并能按标准选用。

2. 掌握洋葱培根欧姆蛋的生产制作步骤、成品质量标准和安全操作注意事项。

3. 能按照任务实施说明做好各项准备，并独立完成生产制作。

任务描述

依据图 6-1-1“洋葱培根欧姆蛋成品图”所示，认真研读并熟知洋葱培根欧姆蛋标准菜谱中所列的用料、制作流程、要点解析、制作步骤、拓展创新等内容，观看本菜品制作过程图片与操作视频，并完成任务分析中的核心问题。

在实训指导老师的指导下，用精益求精、追求卓越的工匠精神，独立生产制作 1 份符合标准的菜品。

任务分析

此菜具有“色泽金黄、呈半牛角状、蛋香味浓郁、口感酥松”的特点。欧姆蛋又称西式煎蛋卷、杏力蛋或奄列，一般是指煎熟的鸡蛋中间卷入馅料，其发源地为法国。为高质量地完成本任务，各学员不仅要按照“任务描述”中的要求做好准备，还应认真分析以下几个核心问题：

1. 查询资料，了解“欧姆蛋”名称的来历。

2. 煎制欧姆蛋的技术关键有哪些？

<table>
<tr><td rowspan="5">任务实施</td><td rowspan="2">主料辅料调料识别与准备</td><td>主料：鸡蛋 2 个（见图 6-1-2）。
辅料：洋葱 30 g，培根 1 片，牛奶 20 mL，橙子 1/4 个约 40 g，欧芹 3 g，苦苣菜 10 g（见图 6-1-3）。
调料：黄油 15 g，精盐 1 g，胡椒粉 0.5 g，奶油 3 mL，番茄沙司 20 g（见图 6-1-4）。</td></tr>
<tr><td>
图 6-1-2

图 6-1-3

图 6-1-4</td></tr>
<tr><td>流程识读</td><td>调制混合蛋浆→过滤→配菜加工→煎制蛋卷→装盘。</td></tr>
<tr><td>要点解析</td><td>1. 在打蛋液的过程中需要充分调拌均匀，确保蛋液中蛋黄和蛋白充分融合。
2. 锅的温度要适中，不宜过高，以免蛋液煎糊。
3. 煎制欧姆蛋的时间要适当，避免过长时间煎制导致欧姆蛋过干。</td></tr>
<tr><td>依据步骤与图示制作</td><td>步骤 1：将鸡蛋敲入盛器内，加精盐、胡椒粉、牛奶、奶油等搅拌均匀，即成混合蛋浆（见图 6-1-5）。
步骤 2：将混合蛋浆过滤（见图 6-1-6），去掉较粗的颗粒。
步骤 3：将洋葱、培根切碎，将橙子切成块，欧芹剁碎（见图 6-1-7）。
步骤 4：不沾锅烧热后放入黄油融化，加入洋葱、培根炒香，放入混合鸡蛋液不断搅动，炒至蛋浆成软糊状（见图 6-1-8）。
步骤 5：将蛋液摊平，用铲子将蛋卷成两头细中间粗的梭子形（见图 6-1-9），待充分定型后取出，放入盛菜碟中。
步骤 6：搭配上苦苣菜、橙子块，挤上番茄沙司，撒上欧芹碎（见图 6-1-10），即可上菜。</td></tr>
</table>

任务实施

依据步骤与图示制作

图 6-1-5

图 6-1-6

图 6-1-7

图 6-1-8

图 6-1-9

图 6-1-10

拓展创新探究

如食谱所做，菜谱中的培根、洋葱可以换成芝士、香草等，制成“香草芝士欧姆蛋”；培根、洋葱可以换成煮熟的大虾仁、烟熏三文鱼等，制成“海鲜欧姆蛋”。配菜和调味酱汁可以根据顾客的喜好适当变化。

综合评价

生产制作完成后，由你本人、你所在的小组其他成员和生产制作指导老师组成综合性评价小组，依据标准填写下列评价表。

评价主体	评价要素							合计100%	比例	分值
	实施前		实施中			实施后				
	资料查找10%	任务分析20%	原料准备10%	生产规范20%	成品质量15%	清洁卫生15%	实训报告10%			
自我评价									30%	
小组评价									30%	
老师评价									40%	
总　分									100%	

任务 2 勃艮第红酒水波蛋

Burgundy Red Wine Water Egg

图 6-2-1 勃艮第红酒水波蛋成品图

勃艮第红酒水波蛋

任务目标

1. 知道勃艮第红酒水波蛋所需的主辅调料，并能按标准选用。
2. 掌握勃艮第红酒水波蛋的生产制作步骤、成品质量标准和安全操作注意事项。
3. 能按照任务实施说明做好各项准备，并独立完成生产制作。

任务描述

依据图 6-2-1“勃艮第红酒水波蛋成品图”所示，认真研读并熟记勃艮第红酒水波蛋标准菜谱中所列的用料、制作流程、要点解析、制作步骤等内容，观看本菜品制作过程图片与操作视频，并完成任务分析中的核心问题。

在实训指导老师的指导下，用精益求精、追求卓越的工匠精神，独立生产制作 1 份符合标准的菜品。

任务分析

此菜具有“色泽深红、酒香味浓郁、口感层次丰富、蛋白凝固蛋黄呈流体状”的特点。红酒煮，搭配培根、蘑菇、小洋葱是勃艮第地区菜肴的特色做法。为高质量地完成本任务，各学员不仅要按照“任务描述”中的要求做好准备，还应认真分析以下几个核心问题：

1. 查询资料，了解勃艮第地区菜肴的风味特点。
2. 煮制过程中，红酒汁与蛋的比例在什么范围较为恰当？

任务实施	主料辅料调料识别与准备	主料：鸡蛋 2 个（见图 6-2-2）。 辅料：乡村面包 2 片约 70 g，培根片 30 g，蘑菇片 70 g，小洋葱碎 30 g，蒜瓣 2 粒约 5 g（见图 6-2-3）。 调料：黄油 40 g，精盐 2 g，黑皮诺红葡萄酒 300 mL，鲜百里香 10 g，黑胡椒碎 3 g，香叶 2 片（见图 6-2-4）。
		 图 6-2-2  图 6-2-3  图 6-2-4
	流程识读	熬制红酒汁→ 炒蘑菇→煎面包片 → 煮鸡蛋→ 过滤→收汁→装盘。
	要点解析	1. 鸡蛋煮至蛋白凝结、蛋黄呈半流质为佳，因此最好选用可生食鸡蛋。 2. 用剪刀修整水波蛋形状时要非常小心，以防戳破蛋黄。 3. 酱汁完成后，如觉得红酒的酸味或巧克力的苦味过重，可适当加糖中和。
	依据步骤与图示制作	步骤 1：酱汁锅加入黄油融化，放入小洋葱碎、香叶和鲜百里香炒香，倒入黑皮诺红葡萄酒，加热至沸腾后调小火煮（见图 6-2-5），大约煮制 30 分钟。 步骤 2：平底锅加入黄油融化，放入培根煸炒香后放入蘑菇片稍炒，然后用盐、黑胡椒碎调味（见图 6-2-6），炒至蘑菇熟即可出锅。 步骤 3：平底锅中放入黄油融化后加大蒜、鲜百里炒香，放入面包片煎制（见图 6-2-7），煎至两面金黄。 步骤 4：把鸡蛋倒入红酒汁中（见图 6-2-8），小火煮约 4 分钟捞出。 步骤 5：过滤红酒汁，放入黄油面酱、盐和黑胡椒碎，煮至浓稠（见图 6-2-9）。 步骤 6：把黄油面包片摆入盘中，放上培根、蘑菇、红酒水波蛋，淋上红酒汁，稍微点缀（见图 6-2-10），即可上菜。

任务实施

依据步骤与图示制作

图 6-2-5

图 6-2-6

图 6-2-7

图 6-2-8

图 6-2-9

图 6-2-10

拓展创新探究

如食谱所做，菜谱中的鸡蛋可以换成牛肉，牛肉加工成块状后用盐、香草、黑胡椒碎腌制后，放入平底锅中煎制，煎制后放入红酒汁中煮，煮制时间延长至 60 分钟，至软，其成品即为“勃艮第红酒牛肉”。

综合评价

生产制作完成后，由你本人、你所在的小组其他成员和生产制作指导老师组成综合性评价小组，依据标准填写下列评价表。

评价主体	评价要素							合计 100%	比例	分值
	实施前		实施中			实施后				
	资料查找 10%	任务分析 20%	原料准备 10%	生产规范 20%	成品质量 15%	清洁卫生 15%	实训报告 10%			
自我评价									30%	
小组评价									30%	
老师评价									40%	
总　分									100%	

任务 3 苏格兰羊肉薏米粥
Scotch Lamb and Barley Porridge

图 6-3-1 苏格兰羊肉薏米粥成品图

苏格兰羊肉薏米粥

任务目标	1. 知道苏格兰羊肉薏米粥所需的主辅调料，并能按标准选用。 2. 掌握苏格兰羊肉薏米粥的生产制作步骤、成品质量标准和安全操作注意事项。 3. 能按照任务实施说明做好各项准备，并独立完成生产制作。
任务描述	依据图 6-3-1“苏格兰羊肉薏米粥成品图”所示，认真研读并熟知苏格兰羊肉薏米粥标准菜谱中所列的用料、制作流程、要点解析、制作步骤等内容，观看本菜品制作过程图片与操作视频，并完成任务分析中的核心问题。 在实训指导老师的指导下，用精益求精、追求卓越的工匠精神，独立生产制作 1 份符合标准的菜品。
任务分析	此菜具有“口感爽滑、鲜香味浓郁”的特点。苏格兰的饮食既传统又现代，在苏格兰既可以品尝到传统的苏格兰菜肴，也有移民带来的世界各地的饮食，此粥就是当地极富影响力的早餐品种。为高质量地完成本任务，各学员不仅要按照“任务描述”中的要求做好准备，还应认真分析以下几个核心问题： 1. 查询资料，了解苏格兰地区的饮食风味特点。 2. 煮制过程中应注意哪些关键操作环节？

任务实施	主料辅料调料识别与准备	主料：羊肉 150 g，薏米 100 g（见图 6-3-2）。 辅料：洋葱 20 g，白萝卜 40 g，胡萝卜 40 g，豌豆 20 g，西芹 20 g，蒜瓣 3 粒，芹菜叶 10 g（见图 6-3-3）。 调料：精盐 2 g，胡椒粉 1 g（见图 6-3-4）。
		 图 6-3-2  图 6-3-3  图 6-3-4
	流程识读	浸泡薏米→切制羊肉→切制蔬菜→煮制薏米粥→调味→装盘。
	要点解析	1. 薏米煮烂不易，可以事先用清水浸泡一段时间，或者先用水煮熟，再和其他材料一起煮粥。 2. 煮制时间一般为 20 ~ 30 分钟，不需要煮得过久，否则会影响口感。
	依据步骤与图示制作	步骤 1：将薏米用清水洗净，然后放入清水中浸泡约 4 小时至软（见图 6-3-5）。 步骤 2：把羊肉切成 1.5 cm 见方的丁（见图 6-3-6）。 步骤 3：洋葱、白萝卜、西芹、胡萝卜等分别切成 1 cm 见方的丁（见图 6-3-7）。 步骤 4：锅中放入浸泡好的薏米，加入饮用水 700 mL，放入羊肉煮制（见图 6-3-8），待沸腾后调小火煮约 30 分钟。 步骤 5：放入各类蔬菜，继续煮约 25 分钟，用精盐、胡椒粉调味（见图 6-3-9）。 步骤 6：将煮好的粥盛入碟中，撒上芹菜叶（见图 6-3-10），即可上菜。

任务实施

依据步骤与图示制作

图 6-3-5

图 6-3-6

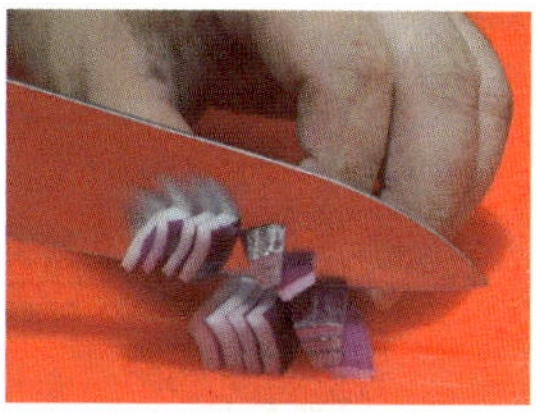

图 6-3-7

图 6-3-8

图 6-3-9

图 6-3-10

拓展创新探究

苏格兰是野味、鱼类、水果、蔬菜等天然食材的宝库，大多数苏格兰菜肴的料理方法颇为简单。由于来自海外的香辛料价格高昂，因而苏格兰菜肴中较少使用香料，比较追求原汁原味，在创新过程中应注意遵循。

综合评价

生产制作完成后，由你本人、你所在的小组其他成员和生产制作指导老师组成综合性评价小组，依据标准填写下列评价表。

评价主体	评价要素							合计100%	比例	分值
	实施前		实施中			实施后				
	资料查找10%	任务分析20%	原料准备10%	生产规范20%	成品质量15%	清洁卫生15%	实训报告10%			
自我评价									30%	
小组评价									30%	
老师评价									40%	
总　分									100%	

任务 4 坚果奶油松饼
Nut Cream Muffins

图 6-4-1 坚果奶油松饼成品图

坚果奶油松饼

任务目标

1. 知道坚果奶油松饼所需的主辅调料，并能按标准选用。
2. 掌握坚果奶油松饼的生产制作步骤、成品质量标准和安全操作注意事项。
3. 能按照任务实施说明做好各项准备，并独立完成生产制作。

任务描述

依据图 6-4-1“坚果奶油松饼成品图”所示，认真研读并熟记坚果奶油松饼标准菜谱中所列的用料、制作流程、要点解析、制作步骤、拓展创新等内容，观看本菜品制作过程图片与操作视频，并完成任务分析中的核心问题。

在实训指导老师的指导下，用精益求精、追求卓越的工匠精神，独立生产制作 1 份符合标准的菜品。

任务分析

此菜具有“色泽焦黄、口感疏松化渣、口味香甜”的特点。松饼是蛋糕的一种，通常是以酵母或小苏打粉作为烘焙酵素。它有与气球类似的特性、膨胀，但又不致破裂。为高质量地完成本任务，各学员不仅要按照“任务描述”中的要求做好准备，还应认真分析以下几个核心问题：

1. 松饼之所以蓬松主要是加入了什么物质？
2. 煎制时如何控制火力的大小？
3. 装盘过程中需要注意什么？

<table>
<tr><td rowspan="5">任务实施</td><td rowspan="2">主料辅料调料识别与准备</td><td>主料：鸡蛋 2 个，低筋面粉 160 g（见图 6-4-2）。
辅料：牛奶 150 mL，酵母 2 g，杂坚果碎 40 g，橙子 1/4 个，葡萄 2 粒，薄荷叶 2 枝（见图 6-4-3）。
调料：白糖 20 g，打发奶油 60 g，糖粉 15 g（见图 6-4-4）。</td></tr>
<tr><td>
图 6-4-2

图 6-4-3

图 6-4-4</td></tr>
<tr><td>流程识读</td><td>调制面糊→切水果→煎制→翻炒→水果松饼组和→装盘。</td></tr>
<tr><td>要点解析</td><td>1. 面糊搅拌时要注意力度，不要过度搅拌，以免影响松饼的口感。
2. 泡打粉可以帮助松饼更加蓬松，也可以使用发酵粉代替。
3. 煎制温度和时间需要根据实际情况进行调整，以免煎焦。</td></tr>
<tr><td>依据步骤与图示制作</td><td>步骤 1：把低筋面粉、鸡蛋、白糖、酵母粉放入器皿中，加牛奶调成糊状（见图 6-4-5），醒发 30 分钟。
步骤 2：橙子去皮后切成块，葡萄对半切开（见图 6-4-6）。
步骤 3：将不粘锅烧热，然后倒上 1 小勺稀面糊（见图 6-4-7），小火煎至一面定型后翻面，煎熟出锅，采用同样的方法将面糊煎完。
步骤 4：取一块松饼，挤上奶油，然后放上杂坚果碎（见图 6-4-8），再挤少量奶油，放上另一片松饼（见图 6-4-9），按此方法做完。
步骤 5：把做好的坚果奶油松饼放入盛菜碟中，撒上糖粉，摆上葡萄、橙子、薄荷叶（见图 6-4-10），即可上菜。</td></tr>
</table>

任务实施

依据步骤与图示制作

图 6-4-5

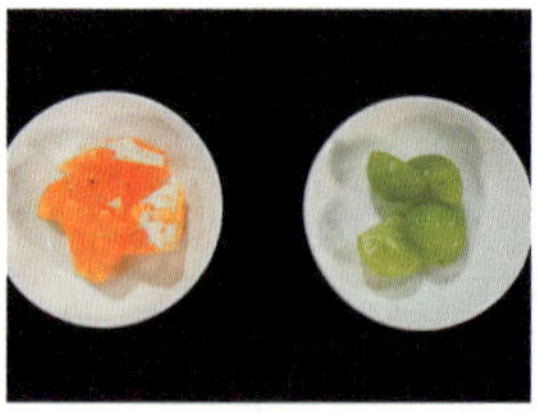
图 6-4-6

图 6-4-7

图 6-4-8

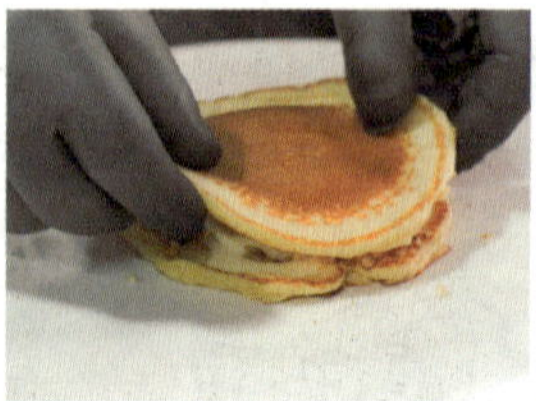
图 6-4-9

图 6-4-10

拓展创新探究

如食谱所做，可将白糖换成“珍珠糖”，这种糖烤了也不融化，很有嚼感却不硬，让松饼吃起来更有趣、更香甜。因为有珍珠糖就够甜了，所以吃时不用再加什么，顶多撒点糖粉装饰一下，即成“列日松饼”。

综合评价

生产制作完成后，由你本人、你所在的小组其他成员和生产制作指导老师组成综合性评价小组，依据标准填写下列评价表。

评价主体	评价要素							合计100%	比例	分值
	实施前		实施中			实施后				
	资料查找10%	任务分析20%	原料准备10%	生产规范20%	成品质量15%	清洁卫生15%	实训报告10%			
自我评价									30%	
小组评价									30%	
老师评价									40%	
总　分									100%	

任务 5　法式煎吐司

French Toast

图 6-5-1　法式煎吐司成品图

法式煎吐司二

任务目标

1. 知道法式煎吐司所需的主辅调料，并能按标准选用。

2. 掌握法式煎吐司的生产制作步骤、成品质量标准和安全操作注意事项。

3. 能按照任务实施说明做好各项准备，并独立完成生产制作。

任务描述

依据图 6-5-1“法式煎吐司成品图”所示，认真研读并熟知法式煎吐司标准菜谱中所列的用料、制作流程、要点解析、制作步骤、拓展创新等内容，观看本菜品制作过程图片与操作视频，并完成任务分析中的核心问题。

在实训指导老师的指导下，用精益求精、追求卓越的工匠精神，独立生产制作 1 份符合标准的菜品。

任务分析

此菜具有“色泽金黄、口感外酥里嫩、口味香甜”的特点。法式煎吐司又称为鸡蛋吐司、金黄吐司 。法式煎吐司的起源可以追溯到很久以前的法国，近年来在美国和亚洲的餐馆中也越来越受欢迎。为高质量地完成本任务，各学员不仅要按照“任务描述”中的要求做好准备，还应认真分析以下几个核心问题：

1. 法式吐司与传统吐司片相比增加了哪些操作环节？

2. 为避免出现质量不达标的问题，煎制时如何控制火力？

任务实施	主料辅料调料识别与准备	主料：吐司面包片 2 片（见图 6-5-2）。 辅料：鸡蛋 2 个，牛奶 100 mL，草莓 3 个，蓝莓 10 粒，芒果 1 块约 25 g，薄荷叶 2 片（见图 6-5-3）。 调料：白糖 20 g，打发奶油 60 g，糖粉 15 g，黄油 30 g，香草粉 0.5 g（见图 6-5-4）。
		 图 6-5-2  图 6-5-3  图 6-5-4
	流程识读	调制蛋液→切水果→浸泡吐司片→煎制面包→装盘。
	要点解析	1. 面包不能切得太薄，否则吸饱了蛋液的面包还未进锅就散了。 2. 最好用不粘锅，如果是平底有横纹的煎牛排锅就更好了，煎好的吐司会有美丽的条纹。
	依据步骤与图示制作	步骤 1：鸡蛋液加入牛奶（见图 6-5-5）、白糖、香草粉搅拌均匀。 步骤 2：将草莓切块，芒果去皮切丁（见图 6-5-6）。 步骤 3：把吐司面包片放入打发好的鸡蛋牛奶汁中浸泡，让其饱满吸收酱汁（见图 6-5-7）。 步骤 4：平底锅中放入黄油，放入吸满汁的吐司面包片（见图 6-5-8）。 步骤 5：采用小火煎制，待一面煎至焦黄色后翻面（见图 6-5-9），待另一面煎至焦黄色后出锅。 步骤 6：把煎好的吐司面包片放入盛菜碟中，挤上打发奶油（见图 6-5-10），摆上草莓块、芒果块、蓝莓，撒上糖粉，点缀上薄荷叶，即可上菜。

任务实施

依据步骤与图示制作

图 6-5-5

图 6-5-6

图 6-5-7

图 6-5-8

图 6-5-9

图 6-5-10

拓展创新探究

法国吐司的烹制过程中需要使用到的食材有吐司、鸡蛋、牛奶、香草粉及白糖或糖浆。吐司可以选择白吐司或者全麦吐司，鸡蛋可以使用全蛋或者只使用蛋黄，也可以两片吐司夹果酱后浸泡在鸡蛋牛奶汁中。

综合评价

生产制作完成后，由你本人、你所在的小组其他成员和生产制作指导老师组成综合性评价小组，依据标准填写下列评价表。

评价主体	评价要素							合计100%	比例	分值
	实施前		实施中			实施后				
	资料查找10%	任务分析20%	原料准备10%	生产规范20%	成品质量15%	清洁卫生15%	实训报告10%			
自我评价									30%	
小组评价									30%	
老师评价									40%	
总　分									100%	

任务 6 经典格子华夫饼

Classic Checkered Waffles

图 6-6-1　经典格子华夫饼成品图

经典格子华夫饼

任务目标

1. 知道经典格子华夫饼所需的主辅调料，并能按标准选用。

2. 掌握经典格子华夫饼的生产制作步骤、成品质量标准和安全操作注意事项。

3. 能按照任务实施说明做好各项准备，并独立完成生产制作。

任务描述

依据图 6-6-1“经典格子华夫饼成品图”所示，认真研读并熟记经典格子华夫饼标准菜谱中所列的用料、制作流程、要点解析、制作步骤、拓展创新等内容，观看本菜品制作过程图片与操作视频，并完成任务分析中的核心问题。

在实训指导老师的指导下，用精益求精、追求卓越的工匠精神，独立生产制作 1 份符合标准的菜品。

任务分析

此菜具有“色泽金黄、口感外酥里嫩、口味香甜”的特点。华夫饼在许多国家都很受欢迎，而在不同的地方也有着不同吃法，比如美国人喜欢吃华夫饼时抹枫糖汁，而德国人喜欢配樱桃和奶油。为高质量地完成本任务，各学员不仅要按照“任务描述”中的要求做好准备，还应认真分析以下几个核心问题：

1. 查询资料，了解格子华夫饼的社会影响力及衍生新品。

2. 制作时温度和时间应控制在什么范围？

任务实施	主料辅料调料识别与准备	主料：鸡蛋 2 个，低筋面粉 150 g，玉米淀粉 40 g（见图 6-6-2）。 辅料：牛奶 50 mL，布朗李 1 个，香蕉 1/2 个，石榴籽 30 g，泡打粉 3 g，欧芹 1 g（见图 6-6-3）。 调料：细砂糖 50 g，无盐黄油 40 g，精盐 1 g，糖粉 20 g，香草粉 0.5 g，蜂蜜糖浆 30 mL（见图 6-6-4）。
		 图 6-6-2  图 6-6-3 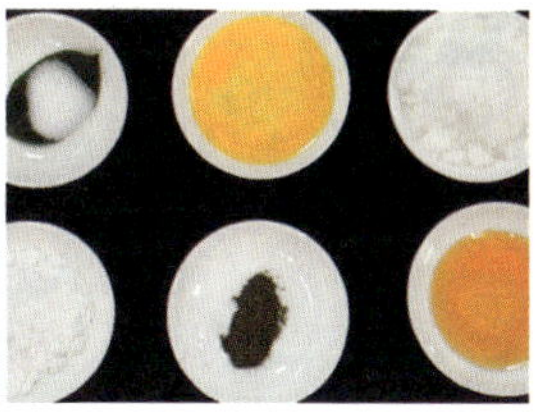 图 6-6-4
	流程识读	打散鸡蛋→调制面糊→切制水果→烤制→掰成块→装盘。
	要点解析	1. 华夫机中的油不能过多，可用吸油纸擦一下吸点油。 2. 要先将糖放在液体中融化，再加面粉。
	依据步骤与图示制作	步骤 1：将鸡蛋敲入碗中，加入细砂糖搅打均匀，加入牛奶、香草粉、融化黄油继续搅打均匀（见图 6-6-5）。 步骤 2：加入玉米淀粉、低筋面粉、泡打粉、盐搅拌至无颗粒，呈现流动性的面糊（见图 6-6-6）。 步骤 3：布朗李切小块，香蕉去皮切厚片，欧芹切碎（见图 6-6-7）。 步骤 4：将华夫机预热，倒入适量的面糊（见图 6-6-8），盖上盖子烤约 4 分钟，至两面呈金黄色取出。 步骤 5：将烤好的华夫饼根据纹路掰成块（见图 6-6-9）。 步骤 6：将华夫饼摆放在盛菜碟中，摆放上布朗李块、香蕉片，撒上石榴籽、糖粉，淋上蜂蜜糖浆（见图 6-6-10），撒上欧芹碎，即可上菜。

任务实施

依据步骤与图示制作

图 6-6-5

图 6-6-6

图 6-6-7

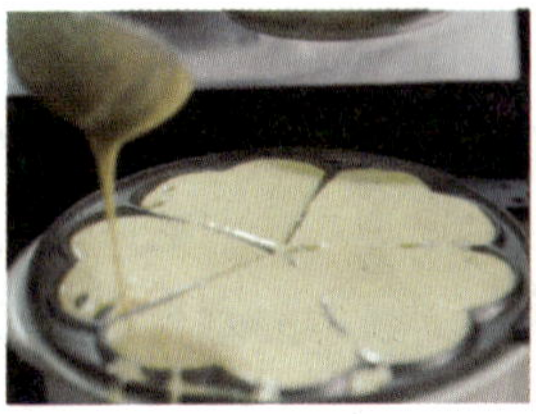
图 6-6-8

图 6-6-9

图 6-6-10

拓展创新探究

如食谱所做，将各种新鲜蔬果和沙拉酱或奶油一起，夹在两片华夫饼当中，制作成“三明治华夫饼”；华夫饼可以根据顾客的喜欢搭配上各种酱料、沙拉，口感鲜润柔滑，馥郁醇香。

综合评价

生产制作完成后，由你本人、你所在的小组其他成员和生产制作指导老师组成综合性评价小组，依据标准填写下列评价表。

评价主体	评价要素							合计 100%	比例	分值
	实施前		实施中			实施后				
	资料查找 10%	任务分析 20%	原料准备 10%	生产规范 20%	成品质量 15%	清洁卫生 15%	实训报告 10%			
自我评价									30%	
小组评价									30%	
老师评价									40%	
总　分									100%	

任务 7　香煎培根卷
Pan-Fried Bacon Rolls

图 6-7-1　香煎培根卷成品图

香煎培根卷

任务目标

1. 知道香煎培根卷所需的主辅调料，并能按标准选用。

2. 掌握香煎培根卷的生产制作步骤、成品质量标准和安全操作注意事项。

3. 能按照任务实施说明做好各项准备，并独立完成生产制作。

任务描述

依据图 6-7-1“香煎培根卷成品图”所示，认真研读并熟知香煎培根卷标准菜谱中所列的用料、制作流程、要点解析、制作步骤、拓展创新等内容，观看本菜品制作过程图片与操作视频，并完成任务分析中的核心问题。

在实训指导老师的指导下，用精益求精、追求卓越的工匠精神，独立生产制作 1 份符合标准的菜品。

任务分析

此菜具有“色泽诱人、口味咸香、肉香浓郁、爽嫩适口”的特点。培根是一种烟熏肉制品，在西方国家，培根的地位和鸡蛋一样，非常普通，一般作为早餐的头盘。为高质量地完成本任务，各学员不仅要按照“任务描述”中的要求做好准备，还应认真分析以下几个核心问题：

1. 培根肉是如何加工制成的？有何口感特点？

2. 如何防止卷好的培根卷在煎制过程中松散？

3. 装盘摆盘需要注意哪些卫生问题？

<table>
<tr><td rowspan="5">任务实施</td><td rowspan="2">主料辅料调料识别与准备</td><td>主料：培根肉 5 片（见图 6-7-2）。
辅料：红甜椒 35 g，黄甜椒 35 g，西芹 30 g，杂蔬菜丁 60 g，沙拉蔬菜芽 15 g（见图 6-7-3）。
调料：黄油 30 g，精盐 1 g，杂香草 0.5 g，黑胡椒碎 1 g，白兰地 4 mL（见图 6-7-4）。</td></tr>
<tr><td>
图 6-7-2

图 6-7-3

图 6-7-4</td></tr>
<tr><td>流程识读</td><td>蔬菜切丝→卷制→炒蔬菜丁→煎制→装盘。</td></tr>
<tr><td>要点解析</td><td>1. 培根肉是经过烟熏加工的猪肉，本身含有一定的脂肪，在煎制过程中会出油，所以在煎制时应少放油。
2. 煎培根的时间把握主要是看经验，注意要先开中火再开小火。</td></tr>
<tr><td>依据步骤与图示制作</td><td>步骤 1：将红甜椒（见图 6-7-5）、黄甜椒、西芹分别切成粗丝。
步骤 2：将培根肉放在桌面，然后放上蔬菜丝，卷成卷，用牙签固定，以防松散（见图 6-7-6）。
步骤 3：平底锅中放入黄油融化，加入杂蔬菜丁小火炒制，放入精盐、杂香草炒至熟透出锅（见图 6-7-7）。
步骤 4：平底锅放入黄油融化，放入卷好的培根卷，小火煎制（见图 6-7-8），煎制过程中不断翻面，使其受热均匀。
步骤 5：煎至 8 分熟时倒入白兰地（见图 6-7-9）、黑胡椒碎，即可出锅。
步骤 6：将炒好的蔬菜丁装入盛菜碟中，煎好的培根卷拔掉牙签摆入，搭配上沙拉蔬菜芽（见图 6-7-10），即可上菜。</td></tr>
</table>

任务实施

依据步骤与图示制作

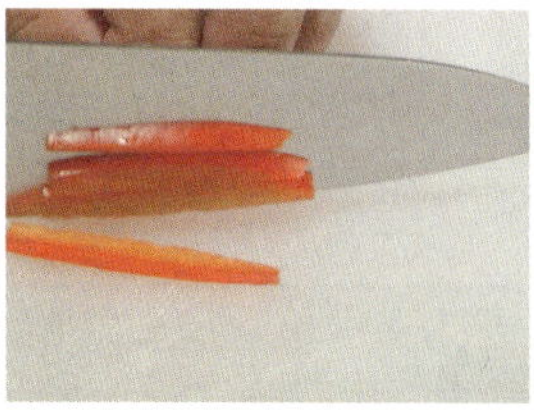

图 6-7-5

图 6-7-6

图 6-7-7

图 6-7-8

图 6-7-9

图 6-7-10

拓展创新探究

如食谱所做，将各种蔬菜丝换成金针菇、洋葱丝、胡萝卜丝等，制作成“金针菇培根卷”“杂蔬菜培根卷”；在创新中也可卷入土豆泥、鲜贝肉、芒果肉等，进一步丰富辅料品种。

综合评价

生产制作完成后，由你本人、你所在的小组其他成员和生产制作指导老师组成综合性评价小组，依据标准填写下列评价表。

评价主体	评价要素							合计 100%	比例	分值
	实施前		实施中			实施后				
	资料查找 10%	任务分析 20%	原料准备 10%	生产规范 20%	成品质量 15%	清洁卫生 15%	实训报告 10%			
自我评价									30%	
小组评价									30%	
老师评价									40%	
总分									100%	

任务 8 番茄芝士香肠

Tomato Cheese Sausage

图 6-8-1　番茄芝士香肠成品图

番茄芝士香肠

任务目标

1. 知道番茄芝士香肠所需的主辅调料，并能按标准选用。
2. 掌握番茄芝士香肠的生产制作步骤、成品质量标准和安全操作注意事项。
3. 能按照任务实施说明做好各项准备，并独立完成生产制作。

任务描述

依据图 6-8-1“番茄芝士香肠成品图”所示，认真研读并熟知番茄芝士香肠标准菜谱中所列的用料、制作流程、要点解析、制作步骤、拓展创新等内容，观看本菜品制作过程图片与操作视频，并完成任务分析中的核心问题。

在实训指导老师的指导下，用精益求精、追求卓越的工匠精神，独立生产制作 1 份符合标准的菜品。

任务分析

此菜具有“香气怡人、油而不腻”的特点。早餐肠作为西方人传统早餐的重要组成部分，有着悠久的历史和深厚的文化底蕴。西方人对早餐肠的运用有着独特的方式和搭配。为高质量地完成本任务，各学员不仅要按照“任务描述”中的要求做好准备，还应认真分析以下几个核心问题：

1. 对早餐肠的种类有特殊要求吗？
2. 马苏里拉奶酪和酸奶油的添加时间是什么？
3. 煮制过程中对火力的大小有什么要求？

<table>
<tr><td rowspan="5">任务实施</td><td rowspan="2">主料辅料调料识别与准备</td><td>主料：早餐肠 4 条（见图 6-8-2）。
辅料：西红柿 1/2 个约 90 g，大蒜 3 粒，西芹 30 g，马苏里拉奶酪 50 g，罗勒叶 3 g，鸡基础汤 50 mL（见图 6-8-3）。
调料：橄榄油 15 mL，精盐 1 g，黑胡椒碎 1 g，意式番茄酱 100 g，白葡萄酒 25 mL，酸奶油 10 mL（见图 6-8-4）。</td></tr>
<tr><td>
图 6-8-2

图 6-8-3

图 6-8-4</td></tr>
<tr><td>流程识读</td><td>刀工处理→煎制→加葡萄酒煮→加入蔬菜奶酪煮→调味→装盘。</td></tr>
<tr><td>要点解析</td><td>1. 刀工处理的形态大小要一致。
2. 冰冻香肠可以先用温水解冻后再进行煎制。
3. 各类蔬菜原料、调味料等放入锅中的时间要恰当。</td></tr>
<tr><td>依据步骤与图示制作</td><td>步骤 1：将西红柿、西芹分别切成块（见图 6-8-5）。
步骤 2：将罗勒叶剁碎，马苏里拉奶酪切厚片（见图 6-8-6）。
步骤 3：小号平底锅中放入橄榄油，加入大蒜小火煎制，煎香后放入早餐肠煎制（见图 6-8-7）。
步骤 4：煎制过程中不断翻动，让早餐肠受热均匀，煎上色后加入白葡萄酒（见图 6-8-8），煮至葡萄酒近干。
步骤 5：加入西红柿、西芹稍炒后加入意式番茄酱、鸡基础汤、盐、黑胡椒碎，小火煮约 15 分钟，加入奶酪片（见图 6-8-9），待奶酪融化，撒入罗勒叶碎。
步骤 6：将成品舀入盛菜碟中，淋上酸奶油（见图 6-8-10），即可上菜。</td></tr>
</table>

任务实施

依据步骤与图示制作

图 6-8-5

图 6-8-6

图 6-8-7

图 6-8-8

图 6-8-9

图 6-8-10

拓展创新探究

如食谱所做，将西红柿换成罐装白豆、黄豆等，制作成“白豆芝士香肠”“黄豆芝士香肠”；在创新中也可以将早餐肠改刀后再烹调，早餐肠的种类也可以根据顾客的喜好进行提供。

综合评价

生产制作完成后，由你本人、你所在的小组其他成员和生产制作指导老师组成综合性评价小组，依据标准填写下列评价表。

评价主体	评价要素							合计 100%	比例	分值
	实施前		实施中			实施后				
	资料查找 10%	任务分析 20%	原料准备 10%	生产规范 20%	成品质量 15%	清洁卫生 15%	实训报告 10%			
自我评价									30%	
小组评价									30%	
老师评价									40%	
总　分									100%	

模块小结

本模块包含制作西餐早餐中的洋葱培根欧姆蛋、勃艮第红酒水波蛋、苏格兰羊肉薏米粥、坚果奶油松饼、法式煎吐司、经典格子华夫饼、香煎培根卷、番茄芝士香肠等实训任务。

本模块介绍的西式早餐并不是特指的一顿饭，而是指一小组菜品，它们通常只出现在早餐菜单上，在午餐、小吃、晚餐中的应用很少。西式早餐在西餐烹调中占有很重要的位置。西式早餐品种非常丰富，营养搭配合理，烹调技法多种多样，广泛采用各种类型的原材料，包括肉类、乳品类、谷类、鱼类、蔬菜、水果等，无所不及。因供应的种类和服务形式不同，西式早餐又分为英式早餐和欧陆式早餐两种。

英式早餐：品种丰富，一顿丰盛的英式早餐包括主食（烤番茄、炒蛋、香肠咸肉、茄汁黄豆、蘑菇、炸薯块、血肠），面包（吐司、可颂、丹麦卷、炸面包），副食（麦片粥、麦片），饮料（果汁、牛奶、咖啡）等，当然还有典型的“英式早餐茶”。

欧陆式早餐：品种较少，形式上也较简单，是一种简单的搭配。通常是酒店提供的早餐，其品种主要是各种甜面包、牛角包、面包卷、黄油、果酱、牛奶、咖啡、茶、果汁等。这些菜肴和饮品由客人根据喜好自由选择搭配。

练习题

扫描下方二维码进行线上答题。

练习题

模块七

西式快餐制作

学习目标

素质目标

1. 树立终身学习意识，践行“学习永远在路上”的理念。
2. 具备较强的分析判断能力、应变能力及危机处理能力。
3. 具备节能、环保与可持续发展意识。
4. 具有一定的刻苦钻研、脚踏实地、坚守初心的素养。
5. 理解“不积跬步，无以至千里；不积小流，无以成江海”的内涵，并将理解落实到知识技能的学习中。

知识目标

1. 了解西式快餐的风味特点与用料。
2. 了解西式快餐的作用、分类情况。
3. 熟悉常见代表性西式快餐的主料、辅料、调料识别技巧。
4. 掌握常见代表性西式快餐的工艺流程及要点解析。
5. 掌握常见代表性西式快餐的“举一反三”创新的思路。

能力目标

1. 能对小组成员的实训角色进行恰当的分工，并能做好组织、统筹、监督、检查的工作。
2. 能较好运用初加工岗位涉及的洗涤技术、分档取料、切配技术等，依据典型任务实施相关要求做好常见代表性西式快餐的准备工作。
3. 能够制作常见代表性西式快餐，且工艺流程、制作步骤、成菜质量等符合相关标准。
4. 通过对常见代表性西式快餐知识的学习与各代表性菜肴的实训操作，结合当前西式简餐的发展方向及市场需求，能进行创新、开发适合目标客户群体需求的西式快餐。

任务 1　约克辣味炸鸡

York Spicy Fried Chicken

图 7-1-1　约克辣味炸鸡成品图

约克辣味炸鸡

任务目标

1. 知道约克辣味炸鸡所需的主辅调料，并能按标准选用。
2. 掌握约克辣味炸鸡的生产制作步骤、成品质量标准和安全操作注意事项。
3. 能按照任务实施说明做好各项准备，并独立完成生产制作。

任务描述

依据图 7-1-1“约克辣味炸鸡成品图”所示，认真研读并熟记约克辣味炸鸡标准菜谱中所列的用料、制作流程、要点解析、制作步骤、拓展创新等内容，观看本菜品制作过程图片与操作视频，并完成任务分析中的核心问题。

在实训指导老师的指导下，用精益求精、追求卓越的工匠精神，独立生产制作 1 份符合标准的菜品。

任务分析

此菜具有“色泽金黄、口感外酥里嫩、口味咸鲜香辣”的特点，它是美式炸鸡中的经典口味之一。制作此菜，一般选用去骨鸡腿肉为主料，鸡腿肉纤维细，汁水较多，成菜时食用口感更好。为高质量地完成本任务，各学员不仅要按照“任务描述”中的要求做好准备，还应认真分析以下几个核心问题：

1. 查询资料，弄清楚成品表皮酥脆的基本原理。
2. 脆皮糊调制的用料有哪些？
3. 炸制时的最佳温度及炸制时间？

<table>
<tr><td rowspan="6">任务实施</td><td rowspan="2">主料辅料调料识别与准备</td><td>主料：鸡腿 2 个（见图 7-1-2）。
辅料：低筋面粉 100 g，玉米淀粉 30 g，鸡蛋 1 个，苦苣 10 g，青瓜片 10 g，手指萝卜 1 根（见图 7-1-3）。
调味料：牛奶 100 mL，红椒粉 5 g，番茄酱 20 g，辣椒粉 5 g，大蒜粉 3 g，黑胡椒粉 2 g，盐 1 g，糖 3 g（见图 7-1-4）。</td></tr>
<tr><td>
图 7-1-2

图 7-1-3

图 7-1-4</td></tr>
<tr><td>流程识读</td><td>加工鸡腿→腌制→调制脆皮糊→蔬菜焯水→裹粉→炸制→装盘。</td></tr>
<tr><td>要点解析</td><td>1. 最好用新鲜鸡肉，时间太久或冷冻鸡肉质容易发柴。
2. 腌制的时候放冰箱里冷藏，腌制大约 2 小时，也可以腌制更长的时间，腌制的时间短不入味。</td></tr>
<tr><td>依据步骤与图示制作</td><td>步骤 1：鸡腿去骨取肉（见图 7-1-5），加入少量牛奶、盐、糖、黑胡椒粉，放冰箱冷藏腌制 2 小时备用。
步骤 2：低筋面粉、玉米淀粉、大蒜粉、红椒粉和辣椒粉加入盐、糖调成混合粉，鸡蛋、牛奶混合后搅拌备用（见图 7-1-6）。
步骤 3：手指萝卜改刀和青瓜片一起焯水（见图 7-1-7），断生后取出备用。
步骤 4：腌好的鸡肉取出，裹上混合粉（见图 7-1-8），再下入牛奶混合液后再裹一次混合粉。
步骤 5：放入 5 成热的油锅中炸至金黄，捞出滤油（见图 7-1-9）。
步骤 6：番茄酱画底，摆上改刀好的炸鸡块和配菜（见图 7-1-10），点缀苦苣即可完成出品。</td></tr>
</table>

任务实施

依据步骤与图示制作

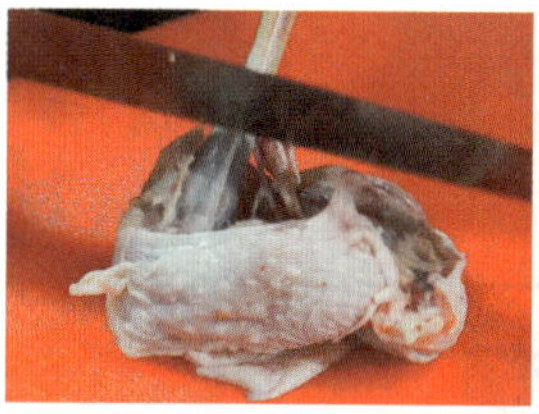
图 7-1-5

图 7-1-6

图 7-1-7

图 7-1-8

图 7-1-9

图 7-1-10

拓展创新探究

本道菜品主要是以鸡腿肉制成的辣味炸鸡，可以根据不同需求更换不同的原料或者部位进行操作，如“辣味鸡翅”采用鸡翅制成，“辣味鸡排”采用鸡胸肉制成等。

综合评价

生产制作完成后，由你本人、你所在的小组其他成员和生产制作指导老师组成综合性评价小组，依据标准填写下列评价表。

评价主体	评价要素							合计100%	比例	分值
	实施前		实施中			实施后				
	资料查找10%	任务分析20%	原料准备10%	生产规范20%	成品质量15%	清洁卫生15%	实训报告10%			
自我评价									30%	
小组评价									30%	
老师评价									40%	
总　分									100%	

任务 2 奶酪牛肉汉堡

Cheese Beef Burger

图 7-2-1　奶酪牛肉汉堡成品图

奶酪牛肉汉堡

任务目标

1. 知道奶酪牛肉汉堡所需的主辅调料，并能按标准选用。
2. 掌握奶酪牛肉汉堡的生产制作步骤、成品质量标准和安全操作注意事项。
3. 能按照任务实施说明做好各项准备，并独立完成生产制作。

任务描述

依据图 7-2-1“奶酪牛肉汉堡成品图”所示，认真研读并熟记奶酪牛肉汉堡标准菜谱中所列的用料、制作流程、要点解析、制作步骤、拓展创新等内容，观看本菜品制作过程图片与操作视频，并完成任务分析中的核心问题。

在实训指导老师的指导下，用精益求精、追求卓越的工匠精神，独立生产制作 1 份符合标准的菜品。

任务分析

此菜具有“色泽鲜艳、口感绵软酥香、形态完整”的特点，是一款快餐食物，制作原料主要有牛肉馅、奶酪、洋葱、番茄等，是现代西式快餐中的主要食物，食用方便，风味可口，营养全面。为高质量地完成本任务，各学员不仅要按照“任务描述”中的要求做好准备，还应认真分析以下几个核心问题：

1. 牛肉饼的制作有什么关键技术点？
2. 牛肉饼制熟的最佳烹调方式是什么？为什么？

任务实施	主料辅料调料识别与准备	主料：汉堡胚 1 个，牛肉 150 g（见图 7-2-2）。 辅料：鸡蛋 1 个，番茄 1 片，西生菜 20 g，洋葱末 10 g，奶酪片 1 片，姜末 10 g（见图 7-2-3）。 调味料：沙拉酱 20 g，番茄酱 20 g，蚝油 10 g，生抽 10 g，料酒 15 g，土豆淀粉 50 g，黄油 10 g，食用油 20 g，黑胡椒碎 2 g，盐 2 g，糖 3 g（见图 7-2-4）。
		 图 7-2-2  图 7-2-3  图 7-2-4
	流程识读	切开汉堡胚→烤制汉堡胚→制作牛肉饼→煎制牛肉饼→组装→装盘。
	要点解析	1. 烤制汉堡时，最多只翻转一次汉堡，翻转次数过多会损坏汉堡表面。 2. 在肉饼上用手指按下一个一个的小坑，或者用工具印出一道一道的纹路，然后进行煎制。
	依据步骤与图示制作	步骤 1：汉堡胚中间切开，涂抹黄油，放入 150℃烤箱烤 6 分钟取出备用（见图 7-2-5）。 步骤 2：牛肉切成末，打入鸡蛋后加入洋葱末、姜末，调入生抽、料酒、蚝油、黑胡椒、盐、糖和淀粉进行搅打，起劲后制成饼形（见图 7-2-6）。 步骤 3：起锅烧油，加热后下入牛肉饼，煎制两面金黄上色（见图 7-2-7）然后盖上奶酪片，焗制上色后取出备用（见图 7-2-8）。 步骤 4：把烤好的汉堡胚底部涂上番茄酱，依次铺上西生菜、洋葱末、番茄片和牛肉奶酪饼（见图 7-2-9），最后挤上沙拉酱（见图 7-2-10），再盖上汉堡盖即可完成。

任务实施

依据步骤与图示制作

图 7-2-5

图 7-2-6

图 7-2-7

图 7-2-8

图 7-2-9

图 7-2-10

拓展创新探究

根据不同需求，可以把汉堡里面的搭配进行调整与更换，比如“鸡肉汉堡”就是把牛肉饼换成鸡肉片进行搭配制作，又如“猪肉汉堡”把牛肉饼换成猪肉饼即可。

综合评价

生产制作完成后，由你本人、你所在的小组其他成员和生产制作指导老师组成综合性评价小组，依据标准填写下列评价表。

评价主体	评价要素							合计 100%	比例	分值
	实施前		实施中			实施后				
	资料查找 10%	任务分析 20%	原料准备 10%	生产规范 20%	成品质量 15%	清洁卫生 15%	实训报告 10%			
自我评价									30%	
小组评价									30%	
老师评价									40%	
总　分									100%	

任务 3 熏鸡肉蘑菇比萨

Smoked Chicken and Mushroom Pizza

图 7-3-1　熏鸡肉蘑菇比萨成品图

熏鸡肉蘑菇比萨

任务目标

1. 知道熏鸡肉蘑菇比萨所需的主辅调料，并能按标准选用。
2. 掌握熏鸡肉蘑菇比萨的生产制作步骤、成品质量标准和安全操作注意事项。
3. 能按照任务实施说明做好各项准备，并独立完成生产制作。

任务描述

依据图 7-3-1“熏鸡肉蘑菇比萨成品图”所示，认真研读并熟记熏鸡肉蘑菇比萨标准菜谱中所列的用料、制作流程、要点解析、制作步骤、拓展创新等内容，观看本菜品制作过程图片与操作视频，并完成任务分析中的核心问题。

在实训指导老师的指导下，用精益求精、追求卓越的工匠精神，独立生产制作 1 份符合标准的菜品。

任务分析

此菜具有“咸鲜可口、芝香浓郁、荤素搭配合理、营养丰富”的特点，是一道以脆皮比萨面皮、蕃茄酱汁、熏鸡肉等为主要食材制作的美食。为高质量地完成本任务，各学员不仅要按照“任务描述”中的要求做好准备，还应认真分析以下几个核心问题：

1. 意式比萨与美式比萨的区别是什么？
2. 烤制的温度与时间在什么范围？

任务实施	主料辅料调料识别与准备	主料：烟熏鸡胸肉 150 g，鸡蛋 1 个，高筋面粉 120 g，低筋面粉 80 g，酵母 5 g（见图 7-3-2）。 辅料：口蘑 80 g，马苏里拉芝士碎 150 g，彩椒 30 g，洋葱 30 g，百里香 20 g（见图 7-3-3）。 调味料：盐 2 g，糖 6 g，黑胡椒 1 g，白兰地 10 mL，番茄酱 20 g，法香碎 1 g（见图 7-3-4）。
		 图 7-3-2  图 7-3-3  图 7-3-4
	流程识读	揉面团→醒发面团→切制蔬菜→调制底酱→组合→烤制→装盘。
	要点解析	1. 将面粉、酵母、水、盐混合在一起，揉成面团。然后让面团发酵 30 分钟，直到它变得松软、蓬松。 2. 要注意保持食材的卫生，同时避免交叉污染。
	依据步骤与图示制作	步骤 1：高筋面粉加入低筋面粉，下入白糖和酵母混合均匀后开窝打入鸡蛋，加入适量的水和面至表面光滑（见图 7-3-5）。 步骤 2：和好的面团发酵至 2 倍大后按压排气（见图 7-3-6），再次揉成圆形松弛 5 分钟。 步骤 2：口蘑切片飞水后吸干水分备用，洋葱、彩椒切丝备用（见图 7-3-7）。 步骤 3：番茄酱加入黑胡椒、法香碎和适量盐、糖调成底酱（见图 7-3-8）。 步骤 4：松弛好的面团擀成 8 寸圆形后开孔排气（见图 7-3-9），再抹上番茄底酱，铺上底层芝士，依次摆上口蘑、洋葱、彩椒和熏好的鸡胸肉，最后盖上芝士碎（见图 7-3-10），放入 220℃烤箱烤 12 分钟即可。

任务实施

依据步骤与图示制作

图 7-3-5

图 7-3-6

图 7-3-7

图 7-3-8

图 7-3-9

图 7-3-10

拓展创新探究

比萨的品种和口味类型非常广泛，搭配不同的底酱和原料可以获得不同风味的口感，例如搭配水果做成“水果比萨”，搭配培根制成“培根比萨”等。

综合评价

生产制作完成后，由你本人、你所在的小组其他成员和生产制作指导老师组成综合性评价小组，依据标准填写下列评价表。

评价主体	评价要素							合计 100%	比例	分值
	实施前		实施中			实施后				
	资料查找 10%	任务分析 20%	原料准备 10%	生产规范 20%	成品质量 15%	清洁卫生 15%	实训报告 10%			
自我评价									30%	
小组评价									30%	
老师评价									40%	
总　分									100%	

任务 4 加利福尼亚比萨
California Pizza

图 7-4-1　加利福尼亚比萨成品图

加利福尼亚比萨

任务目标	1. 知道加利福尼亚比萨所需的主辅调料，并能按标准选用。 2. 掌握加利福尼亚比萨的生产制作步骤、成品质量标准和安全操作注意事项。 3. 能按照任务实施说明做好各项准备，并独立完成生产制作。
任务描述	依据图 7-4-1“加利福尼亚比萨成品图”所示，认真研读并熟知加利福尼亚比萨标准菜谱中所列的用料、制作流程、要点解析、制作步骤、拓展创新等内容，观看本菜品制作过程图片与操作视频，并完成任务分析中的核心问题。 在实训指导老师的指导下，用精益求精、追求卓越的工匠精神，独立生产制作 1 份符合标准的菜品。
任务分析	此菜具有“口感松软、色彩鲜艳、营养丰富”的特点。加利福尼亚比萨是由厨师艾德·拉多所创造发明，现如今早已变成了美式比萨中最具标志性的一种，特点是包容性强和不拘一格。为高质量地完成本任务，各学员不仅要按照“任务描述”中的要求做好准备，还应认真分析以下几个核心问题： 1. 查询资料，了解加利福尼亚比萨与其他地区的比萨在用料、口味、面皮的厚度等方面有什么区别？ 2. 马苏里拉芝士有什么质量特点？

任务实施	主料辅料调料识别与准备	主料：意大利香肠 40 g，高筋面粉 120 g，低筋面粉 80 g，酵母 5 g，鸡蛋 1 个（见图 7-4-2）。 辅料：马苏里拉芝士 80 g，芝士粉 10 g，松仁 10 g，红甜椒 30 g，洋葱 30 g，青甜椒 30 g（见图 7-4-3）。 调味料：橄榄油 50 mL，罗勒 5 g，蒜末 5 g（见图 7-4-4）。
		 图 7-4-2  图 7-4-3  图 7-4-4
	流程识读	调制奶酪汁→切制配菜→揉面团→醒发面团→组合→烤制→装盘。
	要点解析	1. 制作面团是比萨制作中最重要的一步，面团必须揉搓至光滑，并且需要发酵一段时间才能得到特定的口感。 2. 烤制时也需要控制好温度和时间，以保证比萨口感的完美。
	依据步骤与图示制作	步骤 1：将橄榄油与罗勒、松仁、蒜末一起搅拌均匀，然后再逐渐加入芝士粉制成奶酪汁（见图 7-4-5）。 步骤 2：意大利香肠切片，洋葱、青红甜椒切丝（见图 7-4-6）。 步骤 3：高筋面粉加入低筋面粉，下入白糖和酵母混合均匀后开窝打入鸡蛋，加入适量的水和面至表面光滑后发酵（见图 7-4-7） 步骤 4：发酵到 2 倍大后，将发酵好的面团按压排气松弛 5 分钟后擀成饼形（见图 7-4-8）。 步骤 5：在饼皮上抹奶酪汁，然后依次放上洋葱、青红甜椒和意大利香肠，最后撒上马苏里拉芝士（见图 7-4-9）。 步骤 6：放入 250℃烤箱，烤上色即可取出改刀（见图 7-4-10），装盘。

任务实施

依据步骤与图示制作

图 7-4-5

图 7-4-6

图 7-4-7

图 7-4-8

图 7-4-9

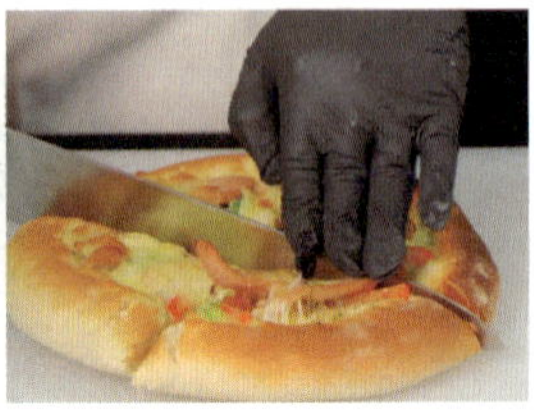

图 7-4-10

拓展创新探究

美式比萨的特点是饼底一般较厚，原料搭配较为丰富，没有太大局限性，因此可以利用现有食材进行制作，除了搭配常见的奶酪汁外，也可以使用番茄酱或者花生酱做底酱。

综合评价

生产制作完成后，由你本人、你所在的小组其他成员和生产制作指导老师组成综合性评价小组，依据标准填写下列评价表。

评价主体	评价要素							合计100%	比例	分值
	实施前		实施中			实施后				
	资料查找10%	任务分析20%	原料准备10%	生产规范20%	成品质量15%	清洁卫生15%	实训报告10%			
自我评价									30%	
小组评价									30%	
老师评价									40%	
总　分									100%	

任务 5　美式热狗
American Hot Dog

图 7-5-1　美式热狗成品图

美式热狗

任务目标

1. 知道美式热狗所需的主辅调料，并能按标准选用。
2. 掌握美式热狗的生产制作步骤、成品质量标准和安全操作注意事项。
3. 能按照任务实施说明做好各项准备，并独立完成生产制作。

任务描述

依据图 7-5-1“美式热狗成品图”所示，认真研读并熟知美式热狗标准菜谱中所列的用料、制作流程、要点解析、制作步骤、拓展创新等内容，观看本菜品制作过程图片与操作视频，并完成任务分析中的核心问题。

在实训指导老师的指导下，用精益求精、追求卓越的工匠精神，独立生产制作 1 份符合标准的菜品。

任务分析

此菜具有“开口均匀整齐、面包疏松、香肠脆口、口味酸中略带回甜”的特点。热狗是美国最普通的一种食品，是以热狗面包搭配各种荤素食材制作而成，配上酸甜开胃的酱汁，口味独特。为高质量地完成本任务，各学员不仅要按照“任务描述”中的要求做好准备，还应认真分析以下几个核心问题：

1. 法兰克福肠的特点是什么？
2. 美式热狗在用料上与辣味热狗有什么异同？
3. 组合过程中需要注意哪些卫生问题？

<table>
<tr><td rowspan="5">任务实施</td><td rowspan="2">主料辅料调料识别与准备</td><td>主料：热狗面包 1 个，法兰克福肠 1 根（见图 7-5-2）
辅料：西生菜 20 g，酸青瓜 20 g，玉米粒 20 g，卡夫芝士片 1 片（见图 7-5-3）
调味料：黄油 10 g，蛋黄酱 20 g，番茄酱 20 g（见图 7-5-4）</td></tr>
<tr><td>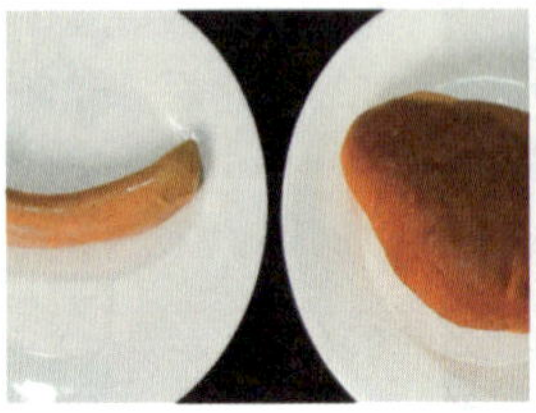
图 7-5-2

图 7-5-3
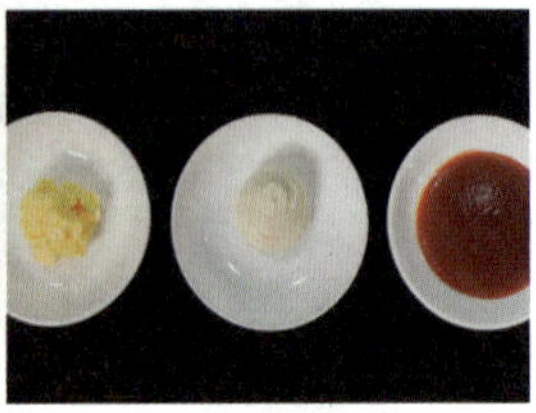
图 7-5-4</td></tr>
<tr><td>流程识读</td><td>烤面包→切开面包→切制法兰克福肠→煎制→加工蔬菜→组合→软化芝士片→淋上酱汁→装盘。</td></tr>
<tr><td>要点解析</td><td>1. 所有蔬菜原料的食品卫生必须达到生食卫生等级。
2. 热法兰克福肠除煎制外，也可以放入 5 成热的油锅中炸。
3. 尽量现做现吃，保持其新鲜度，提高品质。</td></tr>
<tr><td>依据步骤与图示制作</td><td>步骤 1：烤箱加热到 150℃后，放入热狗面包烤热后从中间切开备用（见图 7-5-5）。
步骤 2：法兰克福肠打花刀后下入锅中煎（见图 7-5-6），微微上色和出香味后取出备用。
步骤 3：玉米粒飞水，酸青瓜切片，西生菜撕小块备用（见图 7-5-7）。
步骤 4：热狗面包中间依次放入西生菜、酸青瓜、法兰克福肠和玉米粒（见图 7-5-8）。
步骤 5：最后给上卡夫芝士片，喷枪加热至芝士软化（见图 7-5-9），挤上蛋黄酱和番茄酱（见图 7-5-10）即可完成出品。</td></tr>
</table>

任务实施

依据步骤与图示制作

图 7-5-5

图 7-5-6

图 7-5-7

图 7-5-8

图 7-5-9

图 7-5-10

拓展创新探究

美式热狗选材丰富，常见的主要是搭配香肠和蔬菜等制作而成，但也可以根据客人的需要进行制作，例如搭配牛肉制成“牛肉热狗”，或者搭配鸡肉制成“鸡肉热狗”等。

综合评价

生产制作完成后，由你本人、你所在的小组其他成员和生产制作指导老师组成综合性评价小组，依据标准填写下列评价表。

评价主体	评价要素							合计100%	比例	分值
	实施前		实施中			实施后				
	资料查找10%	任务分析20%	原料准备10%	生产规范20%	成品质量15%	清洁卫生15%	实训报告10%			
自我评价									30%	
小组评价									30%	
老师评价									40%	
总 分									100%	

任务 6 总汇三明治
Club Sandwich

图 7-6-1　总汇三明治成品图

总汇三明治

任务目标	1. 知道总汇三明治所需的主辅调料，并能按标准选用。 2. 掌握总汇三明治的生产制作步骤、成品质量标准和安全操作注意事项。 3. 能按照任务实施说明做好各项准备，并独立完成生产制作。
任务描述	依据图 7-6-1“总汇三明治成品图”所示，认真研读并熟知总汇三明治标准菜谱中所列的用料、制作流程、要点解析、制作步骤、拓展创新等内容，观看本菜品制作过程图片与操作视频，并完成任务分析中的核心问题。 在实训指导老师的指导下，用精益求精、追求卓越的工匠精神，独立生产制作 1 份符合标准的菜品。
任务分析	此菜具有“色泽淡黄、口感绵软、口味略咸、三角形状”的特点。总汇三明治荤素搭配丰富，营养搭配合理，口味层次分明，深受年轻人喜爱。为高质量地完成本任务，各学员不仅要按照“任务描述”中的要求做好准备，还应认真分析以下几个核心问题： 1. 查询资料，了解此菜名称的来历。 2. 辅料加工过程需要注意哪些环节？

<table>
<tr><td rowspan="5">任务实施</td><td rowspan="2">主料辅料调料识别与准备</td><td>主料：吐司片 3 片，鸡胸肉 100 g（见图 7-6-2）。
辅料：培根 1 片，鸡蛋 1 个，西红柿 20 g，酸黄瓜 20 g，西生菜 20 g（见图 7-6-3）。
调味料：黄油 20 g，蛋黄酱 20 g，白兰地 15 mL，黑胡椒碎 1 g，盐 1 g（见图 7-6-4）。</td></tr>
<tr><td>
图 7-6-2

图 7-6-3

图 7-6-4</td></tr>
<tr><td>流程识读</td><td>腌制鸡胸肉→切制蔬菜→烤吐司面包片→煎蛋饼→煎鸡肉→组合→装盘。</td></tr>
<tr><td>要点解析</td><td>1. 鸡肉片的厚度以 0.5 ~ 0.6 cm 厚为宜。
2. 组合时应注意使各类原料的大小一致，保持其形态的整齐，并按照生食卫生标准做好卫生管理。</td></tr>
<tr><td>依据步骤与图示制作</td><td>步骤 1：鸡胸肉改刀后加入白兰地、盐和黑胡椒碎腌制 20 分钟（见图 7-6-5）。
步骤 2：西红柿、酸黄瓜切片，西生菜洗净备用（见图 7-6-6）。
步骤 3：吐司片涂抹黄油（见图 7-6-7），放入 160℃烤箱中，烤 5 分钟上色后取出备用。
步骤 4：鸡蛋煎成蛋饼，同时利用余温煎制培根备用（见图 7-6-8）。
步骤 5：锅内下入黄油，腌好的鸡肉大火煎制（见图 7-6-9），上色后转小火煎熟后取出。
步骤 6：取一片吐司，涂抹上蛋黄酱后将准备好的西生菜、番茄片、酸黄瓜片和培根铺好然后盖上第二片吐司，再摆上煎好的鸡肉和鸡蛋，最后盖上第三片吐司（见图 7-6-10），改刀装盘即可完成出品。</td></tr>
</table>

任务实施

依据步骤与图示制作

图 7-6-5

图 7-6-6

图 7-6-7

图 7-6-8

图 7-6-9

图 7-6-10

拓展创新探究

在西方所有食谱中，任何一种面包、面卷或便于食用的食品，都可制成三明治，因此可以根据不同场景进行创作，例如“牛肉三明治”“培根三明治”“火腿三明治”等。

综合评价

生产制作完成后，由你本人、你所在的小组其他成员和生产制作指导老师组成综合性评价小组，依据标准填写下列评价表。

评价主体	评价要素							合计 100%	比例	分值
	实施前		实施中			实施后				
	资料查找 10%	任务分析 20%	原料准备 10%	生产规范 20%	成品质量 15%	清洁卫生 15%	实训报告 10%			
自我评价									30%	
小组评价									30%	
老师评价									40%	
总 分									100%	

任务 7 乡村肉酱千层面

Countryside Meat Sauce with Lasagna

图 7-7-1　乡村肉酱千层面成品图

乡村肉酱千层面

任务目标

1. 知道乡村肉酱千层面所需的主辅调料，并能按标准选用。

2. 掌握乡村肉酱千层面的生产制作步骤、成品质量标准和安全操作注意事项。

3. 能按照任务实施说明做好各项准备，并独立完成生产制作。

任务描述

依据图 7-7-1“乡村肉酱千层面成品图”所示，认真研读并熟知乡村肉酱千层面标准菜谱中所列的用料、制作流程、要点解析、制作步骤、拓展创新等内容，观看本菜品制作过程图片与操作视频，并完成任务分析中的核心问题。

在实训指导老师的指导下，用精益求精、追求卓越的工匠精神，独立生产制作 1 份符合标准的菜品。

任务分析

此菜具有“面层次分明、表面呈焦黄色、口感绵软、肉酱味浓、略带奶香味”的特点。本道菜品采用肉酱和千层面相结合，在保证口味的同时也保证了人体每天碳水的摄入，营养均衡丰富。为高质量地完成本任务，各学员不仅要按照“任务描述”中的要求做好准备，还应认真分析以下几个核心问题：

1. 查询资料，了解本道菜的历史文化背景。

2. 加工“千层面皮”的原料都有哪些？

<table>
<tr><td rowspan="5">任务实施</td><td rowspan="2">主料辅料调料识别与准备</td><td>主料：牛肉碎 100 g，千层面皮 5 片，马苏里拉芝士碎 150 g，新鲜番茄 100 g（见图 7-7-2）。
辅料：红萝卜 50 g，洋葱 50 g，西芹 30 g，罗勒叶末 5 g，碎洋葱 20 g，碎大蒜 10 g，苦苣 10 g（见图 7-7-3）。
调味料：牛奶 150 mL，淡奶油 30 g，黄油 30 g，面粉 50 g，红酒 50 mL，橄榄油 10 g，迷迭香碎 5 g，百里香碎 5 g，香叶 2 片，盐 2 g，豆蔻粉 1 g（见图 7-7-4）。</td></tr>
<tr><td>
图 7-7-2

图 7-7-3

图 7-7-4</td></tr>
<tr><td>流程识读</td><td>番茄切块→番茄酱制作→番茄牛肉酱制作→组合→烤制→改刀装盘。</td></tr>
<tr><td>要点解析</td><td>1. 熬制的酱汁应呈浓稠状，以提高其黏附性。
2. 应严格控制烘烤温度与时间，防止外焦内不熟或上色不均匀等问题发生。</td></tr>
<tr><td>依据步骤与图示制作</td><td>步骤 1：将番茄去皮，切小块；热锅下入黄油，炒香碎洋葱、碎大蒜、罗勒叶末，再加入番茄丁煸炒后用料理机打碎，做成番茄酱备用（见图 7-7-5）。
步骤 2：将红萝卜去皮切碎，洋葱切丝，西芹切碎备用（见图 7-7-6）。
步骤 3：牛肉碎拌炒上色后倒入洋葱等蔬菜炒制，再加入番茄酱、红酒和适量的水、迷迭香碎、百里香碎等，小火煮约 30 分钟做成肉酱（见图 7-7-7）。
步骤 4：酱汁锅放入黄油，加入面粉、盐、豆蔻粉拌炒至面粉熟透，倒入牛奶和淡奶油慢慢搅拌至呈糊状，做成白奶油酱备用（见图 7-7-8）。
步骤 5：模具底部涂上白汁，放上千层皮，抹上肉酱，再放白汁，撒上芝士，再盖上千层皮（见图 7-7-9），重复多次，最后一层只放白汁和芝士，入 180℃烤箱（见图 7-7-10），烤约 40 分钟后取出，改刀装盘即可完成出品。</td></tr>
</table>

任务实施

依据步骤与图示制作

图 7-7-5

图 7-7-6

图 7-7-7

图 7-7-8

图 7-7-9

图 7-7-10

拓展创新探究

千层面是意大利经典美食之一，它主要以搭配番茄酱为主，里面的肉酱也可以根据需求换成猪肉酱等。

综合评价

生产制作完成后，由你本人、你所在的小组其他成员和生产制作指导老师组成综合性评价小组，依据标准填写下列评价表。

评价主体	评价要素							合计 100%	比例	分值
	实施前		实施中			实施后				
	资料查找 10%	任务分析 20%	原料准备 10%	生产规范 20%	成品质量 15%	清洁卫生 15%	实训报告 10%			
自我评价									30%	
小组评价									30%	
老师评价									40%	
总　分									100%	

任务 8 茄汁虾仁意面
Eggplant Sauce Shrimp Spaghetti

图 7-8-1　茄汁虾仁意面成品图

茄汁虾仁意面

任务目标

1. 知道茄汁虾仁意面所需的主辅调料，并能按标准选用。

2. 掌握茄汁虾仁意面的生产制作步骤、成品质量标准和安全操作注意事项。

3. 能按照任务实施说明做好各项准备，并独立完成生产制作。

任务描述

依据图 7-8-1 “茄汁虾仁意面成品图”所示，认真研读并熟知茄汁虾仁意面标准菜谱中所列的用料、制作流程、要点解析、制作步骤、拓展创新等内容，观看本菜品制作过程图片与操作视频，并完成任务分析中的核心问题。

在实训指导老师的指导下，用精益求精、追求卓越的工匠精神，独立生产制作 1 份符合标准的菜品。

任务分析

此菜具有“香味浓郁、咸酸可口、色泽红亮”的特点。此菜运用意大利四大经典酱汁中的红酱，搭配营养价值极高的虾仁和时蔬，是一道广受欢迎的西餐主食类菜肴。为高质量地完成本任务，各学员不仅要按照“任务描述”中的要求做好准备，还应认真分析以下几个核心问题：

1. 查询资料，了解加工“意面”的原料及其特点。

2. 煮制意面时放入盐的作用是什么？

3. 熬制茄汁的火力应怎样控制？

任务实施	主料辅料调料识别与准备	主料：鲜虾仁 50 g，意大利面 100 g（见图 7-8-2）。 辅料：番茄 100 g，洋葱 50 g，口蘑 50 g，蒜末 10 g，番芫荽 10 g，苦苣 10 g（见图 7-8-3）。 调味料：黄油 20 g，白兰地 15 mL，番茄酱 50 g，盐 3 g，糖 5 g，黑胡椒粉 2 g，芝士粉 5 g（见图 7-8-4）。
		 图 7-8-2  图 7-8-3  图 7-8-4
	流程识读	煮意面→加工蔬菜→调制番茄酱→炒制意面→加入酱汁炒匀→装盘。
	要点解析	1. 做酱汁时所倒入适量的水可以高汤替代，用量可依实际的火力增减。 2. 熬制酱汁时候要注意浓度的调节，不能稀也不能稠，要酌情处理，通过添加热水或煮面汁来调节浓稠度，要让面条放进去与酱汁混拌时能挂在意面上。
	依据步骤与图示制作	步骤 1：起锅烧水下点盐，烧开后下入意大利面煮 15 分钟至熟后滤水备用（见图 7-8-5）。 步骤 2：番茄飞水去皮和番芫荽一起切末，洋葱部分切丝、部分切末，口蘑切片，虾仁改刀备用（见图 7-8-6）。 步骤 3：锅中下入黄油，化开后加入蒜末、洋葱末和番茄碎炒香，后加入番茄酱、白兰地、番芫荽碎、盐、糖和黑胡椒粉调味收汁，制成番茄酱（见图 7-8-7）。 步骤 4：平底锅加热，下入黄油、洋葱丝和口蘑炒香，继续下入虾仁，炒熟后倒入煮好的意大利面翻炒均匀（见图 7-8-8）。 步骤 5：再加上调好的番茄酱，继续翻炒均匀后取出摆入盘中（见图 7-8-9）。 步骤 6：最后点缀苦苣，撒上芝士粉即可完成出品（见图 7-8-10）。

任务实施

依据步骤与图示制作

图 7-8-5

图 7-8-6

图 7-8-7

图 7-8-8

图 7-8-9

图 7-8-10

拓展创新探究

意大利面是西餐传统主食之一，可以搭配不同的配菜和酱汁，如搭配肉酱即可制成“经典肉酱意面”，搭配白汁即可制成“白汁意面”，搭配青酱即可制成“青酱意面”等。

综合评价

生产制作完成后，由你本人、你所在的小组其他成员和生产制作指导老师组成综合性评价小组，依据标准填写下列评价表。

评价主体	评价要素							合计100%	比例	分值
	实施前		实施中			实施后				
	资料查找10%	任务分析20%	原料准备10%	生产规范20%	成品质量15%	清洁卫生15%	实训报告10%			
自我评价									30%	
小组评价									30%	
老师评价									40%	
总分									100%	

模块小结

本模块包含制作西式快餐中的约克辣味炸鸡、奶酪牛肉汉堡、熏鸡肉蘑菇比萨、加利福尼亚比萨、美式热狗、总汇三明治、乡村肉酱千层面、茄汁虾仁意面等实训任务。

西式简餐又称为西式快餐，指可以迅速准备和供应的食物的总称，通常可以徒手拿取，不需要使用餐具，大部分可以外带或外卖。该词语最早出现于西方，20 世纪 80 年代引入中国，亦称“洋快餐”。快餐最大的特点就是制作快捷、出菜快。专营快餐的美国麦当劳公司在公司制度中就有一条规定，即 60 秒上菜，这充分体现了快餐制作快捷的特点。其次是快餐食用方便。一般快餐既可以在餐厅内食用，也可以携带出店外用手拿着食用。

西式快餐呈现出三大特点：第一，烹饪方式简单。操作者只需按照具体的烹饪数值进行操作就能制作出美味的西式快餐。第二，经营模式简单。西式快餐采取半自助的方式进行运营，且其产生的食品垃圾相对较少，也不存在碗筷的洗涤等问题，大大节省了对服务人员的需求，从而更好地简化了具体的经营模式。第三，食材可控因素多。西式快餐的食材存放时间久，存放方式简单，从而大大减少了食材的浪费，有助于西式快餐经营者更好地进行食材的具体把控，提高食材的利用率。

练习题

扫描下方二维码进行线上答题。

练习题

参考文献

[1] 李晓. 西餐烹饪基础 [M]. 北京：化学工业出版社，2014.

[2] 李丽，严金明. 西餐与调酒操作实务 [M]. 北京：清华大学出版社，2006.

[3] 牛铁柱，林粤，周桂禄. 西餐烹调工艺与实训 [M]. 北京：科学出版社，2013.

[4] 江永丰，区景峰. 西餐烹饪工艺实训 [M]. 北京：中国劳动社会保障出版社，2013.

[5] 高杰. 人气西餐大全 [M]. 北京：电子工业出版社，2013.

[6] 曾永福，王作鏻. 西餐制作技术 [M]. 厦门：厦门大学出版社，2012.

[7] 郭亚东. 西式烹调师 [M]. 北京：中国劳动社会保障出版社，2001.

[8] 中国就业培训技术指导中心. 西式烹调师 [M]. 北京：中国人力资源和社会保障出版集团，2020.

[9] 周海霞，邹宇航. 西餐制作 [M]. 北京：科学出版社，2014.

[10] 许宏裕，赖晓梅. 西餐大师：新手也能变大厨 [M]. 郑州：河南科学技术出版社，2013.